大衍之数乃《周易》锁钥，天道锁钥，上古文明锁钥，明察大衍之数，亘古洪荒之门将豁然洞开。

天道钩沉

大衍之数与阴阳五行思想探源

赵沃天 著

九州出版社 JIUZHOUPRESS | 全国百佳图书出版单位

图书在版编目（CIP）数据

天道钩沉 ： 大衍之数与阴阳五行思想探源 / 赵沃天
著. -- 北京 ： 九州出版社，2023.12（2024.11重印）
ISBN 978-7-5225-2499-3

Ⅰ. ①天… Ⅱ. ①赵… Ⅲ. ①古历法－研究－中国
Ⅳ. ①P194.3

中国国家版本馆CIP数据核字(2023)第211440号

天道钩沉：大衍之数与阴阳五行思想探源

作　　者	赵沃天　著	
责任编辑	黄瑞丽	
出版发行	九州出版社	
地　　址	北京市西城区阜外大街甲 35 号（100037）	
发行电话	(010)68992190/3/5/6	
网　　址	www.jiuzhoupress.com	
印　　刷	鑫艺佳利（天津）印刷有限公司	
开　　本	880 毫米×1230 毫米　32 开	
印　　张	9.875	
字　　数	255 千字	
版　　次	2024 年 1 月第 1 版	
印　　次	2024 年 11 月第 3 次印刷	
书　　号	ISBN 978-7-5225-2499-3	
定　　价	68.00 元（精装）	

室心雙開鉤己亥元月於臨京狗竹古畫居

孔子老而好《易》

文王拘而演《周易》

伏羲观天法地

帝喾序三辰

寒心冒明翰己亥孟春祖邑京瀚竹古道居

黄帝创建五行

☯ 再版序言

　　本次增补，主要是正文第五章的"论'三正'之说"。"三正"之说，指夏商周三代迭替，必定要"改正朔"以示"受命于天"，所以"夏正建寅，殷正建丑，周正建子"。其涉及古代历法的起源和演变，乃至夏商周三代的历法。近代以来的古天文学家普遍认为，直到春秋后期才出现的古四分历，即古六历（指黄帝历、颛顼历、夏历、殷历、周历、鲁历六种历法），其岁实皆为 366 又 1/4 日，闰法皆为十九年七闰，标志着古代历法已经进入科学历法阶段。他们据此认为，夏、商、西周三代尚处于观象授时的历史阶段，无所谓历法和建正，更没有"三正"之说。又，近代以来的古天文学家还认为，《诗经·十月之交》所谓的"十月之交，朔日辛卯，日有食之"，是现存的历史文献中对朔日的最早记载。经考证，这次日食发生在周平王三十六年十月辛卯朔（前 735 年 11 月 30 日）。他们由此得到的结论是直到西周后期，时人才开始认识朔日，而在此之前是没有"正朔"概念的，也就没有"建正"，又何谈"改正朔"呢？因此，近代以来的古天文学家对"三正"之说乃至夏、商、西周的历法，多持否定态度。

　　古天文学家之所以以"古六历"作为古代推步历法的开始，是因为从春秋开始，才有了可靠的文献记载作为考证古代历法的依据。据传由孔子修订的《春秋》，是鲁国的编年史，记载了从鲁隐公元年（前722年）到鲁哀公十四年（前481年）之间共242年的重大历史事件。《春秋》以"朔"为月首，记载了许多重要的天象，如有关冬至日的观测和37次日食的记载等，为后世学者考证古代历法提供了极为丰富的历法数据。春秋后期的鲁国历法，已经对十九年七闰有了一定的认识。战国时期，古六历进入十九年七闰的四分历时代，虽然未能见到当时的历法文献，但《汉书·律历志》《续汉书·律历志》《新唐书·历志三》《开元占经》等文献中都保留了不少关于十九年七闰的记载，即是其证。

古天文学家之所以主张西周及之前还处在观象授时阶段，主要是因为从五帝到夏、商、西周的漫长历史时期中，没有发现古天文历法的专业文献记载可以作为考证的依据。这一状况，姑且称之为"古代历法发展的阶段性严重缺失"。 在1996—2000年实施的"夏商周断代工程"中，西周历法"严重缺失"，专家组成员对于作为推步历法基础概念的"朔日"是否存在尚未形成统一认识，遑论西周是否已经建立推步历法这一问题了。要想考证西周王年，首先要建立西周年代学；而建立西周年代学的前提，则是西周历法。"夏商周断代工程"尽管确立了"西周历法"这一专项研究课题，但对此远未形成共识。就是在这样的背景下，学界开始了对西周王年的考证。在先秦典籍、周代青铜器铭文中大量出现的"初吉""既生霸""既望""既死霸"（统称"四月相"），是周人独有的"月相"及"月相纪日法"用语，对它们作出准确的界定，是解决西周王年问题的关键。但由于对西周历法的认识不同，学界对"四月相"的解释可谓仁者见仁，智者见智。目前，较为流行的观点有：第一，持西周仍处于"观象授时阶段"说的古天文学家们，在以"朏"为月首的前提下，建立了二点二分法的"四月相"定义，把出现最多的"初吉"排斥在"四月相"之外；第二，主张西周已经建立了颁朔制度的历史学家，根据先秦文献中的有关记载把"初吉"确认为朔日；第三，沿用王国维先生的"四分段法"。此外还有一些观点，不再赘述。对于西周历法的不同认识，不仅导致"四月相"定义的差异，还影响到西周王年的考证结果。因此，唯有先明晰"四月相"的定义，才能建立科学的西周年代学，采取具体严谨的研究方法，实现"夏商周断代工程"的目标——为探索中华五千年文明奠定可靠的基础。

"三正"作为历法概念，是春秋战国时代不同地区所使用的不同的历日制度，三者最主要的区别在于岁首的月建不同。只有确定了首月，才能创建历元，完成历法的推算；只有从认识"三正"入手，才能逐步建立夏商周三代的年代学。虽然三代历法"严重缺失"，但是我们在认识三代历法的过程中，不必像对待古六历那样，通过详细的考证来计算和确定各种历法的具体参数，只需原则性地确定不同时期的历法发展阶段，建立宏观的总体认识即可。如此一来，我们就能摆脱对《律历志》之类的历法专业文献的依赖，采用不同的方法对不同时代的历法进行研究。以阴阳合历起源的时代为例，首先，借助于《山海经》《创世神话》中有关帝喾与历法的神话性记载，结合古代文献中关于"帝喾序三辰"等的记载，还原帝喾创建历法的具有开创性意义的伟大贡献。其次，从诠释"大衍之数"入手，来认识和厘清西周历法。最后，在对平装本进行增补修改的过程中，通过描述虞夏时代帝王的"巡狩"之礼来粗线条地总结虞夏时代的历法特征。这些不仅有助于我们对阴阳合历的创建和演变过程有一个总体性的认识，还有助于我们认识西周历法在阴阳合历发展过程中所具有的承上启下的重要作用和地位。这些认识和了解，对于我们探索前西周时代乃至上古文明都非常重要。

我长期关注阴阳合历的起源、研究西周历法，主要是希望探索和建立西周年代学，进而实现"夏商周断代工程"的目标——为探索中华五千年文明奠定可靠的基础。

最后，特别感谢《天道钩沉》一书的热心读者们。我在网络上看到许多读者的留言，对我很有启发和帮助。他们的鼓励和建议，是我继续从事西周历法研究的最大动力。又，很高兴再次与九州出版社合作，增补版的问世，离不开九州出版社的支持和推广。

赵沃天

2023 年 11 月 4 日于南京

☯ 序言

　　大衍之数是众多学者热衷的研究课题之一，我与本书作者赵沃天先生因大衍之数而相识和相知。2012年，我正在筹办由国际易学联合会举办的第六届国际易学与现代文明研讨会的时候，作者提交一份题目为《综论〈周易〉大衍之数》的论文，年会罕见地安排了三个有关大衍之数的论文发言。作者在发言中，用古天文历法的方法来诠释大衍之数，把《周易》理解为受命于天的周天子与上天沟通的手段，把蓍草卜筮理解为用五十枚蓍草推演天道的过程，五十枚蓍草寓意天道运行的五十要素。按照这样的认识和理解，最合适的是把大衍之数诠释为十日、十二辰和二十八宿。这样的研究方法和诠释方案，引起我和其他与会学者的关注。六年之后的2018年，国际易学联合会在北京玄元书院召开第九届国际易学与现代文明研讨会，作者在会上做了题目为《大衍之数与上古文明》的发言，其内容是在诠释大衍之数的基础上，对探索上古文明又提出了一系列新的认识。作者还把四十万字的《综论〈周易〉大衍之数》的书稿送给我，再次引起了我的关注。我在主编《太湖春秋》2018年年刊时，决定把作者在玄元书院的精彩演讲发表，并且约湖南教育出版社的欧阳维诚老师写了一篇探讨大衍之数与现代文明（随机性原理、等概率原理、设变爻原理和最小数原理等）的文章——《大衍之数的研究》，与之对应。目的是寻求周易文化的源头——大衍之数的来龙去脉。

大衍之数与上古文明将以非常精致而贴切的书名——《天道钩沉：大衍之数与阴阳五行思想探源》出版，这是令人高兴的盛事。它从诠释大衍之数入手，探索天道，追寻上古文明的足迹。大衍之数出于《周易·系辞上》。自孔子作《易传》，提出"大衍之数五十"以来，历代学者有许多诠释方案，但都难以为大多数研究者认同。加之又有人提出"大衍之数五十有五"的看法，遂使之更趋复杂，更让人难以窥其真谛，以至被称为千古之谜。《天道钩沉》一书的可贵之处在于：

第一，大衍之数在本书中称为"《周易》锁钥，天道锁钥，上古文明锁钥"，作者通过诠释大衍之数为探索上古文明提供了基础和起点。书中提到的大衍之数、西周历法、阴阳合历起源、五行起源等，都涉及古天文历法。本书事实上是以古天文历法（古代称之为"天道"）作为主线来探索和研究上古文明的。古人在认识天道的过程中，首先创建了适合原始农业发展的星历，进而建立阴阳合历，最终演变为推步历法。在这个过程中，也形成了中华民族特有的阴阳五行思想。中华民族的上古文明实际上是从渔猎文明转型为农业文明，然后发展成部族联盟的早期国家形态的过程。古天文历法和阴阳五行哲学思想伴随着这一文明的演化过程而出现并逐步得到发展完善。所以说，中华文明的五千年历史是一脉相承的。

第二，从本书的研究方法来看，其中谈到的古天文历法是早期文明中最先形成的古代科学之一。以古天文历法为主线来研究《周易》，探索上古文明，是运用历法中固有的逻辑思维和认识论观点来研究古代社会发展和文明形成的过程。书中谈到的古天文历法发展的三个阶段，是从感性认识到理性认识再到实践的创建推步历法的过程。它是伴随着中华民族早期的农业文明形成过程而出现的。这是本书的又一特色。

第三，书中涉及的大衍之数、西周历法、筮数易卦、帝喾序三辰、五行起源等，都是学术界长期以来存在争议或者还没有明确结论的课题。在本书中，作者把它们放到中华文明和阴阳五行思想这一宏大的历史框架中去研究，并用古天文历法把它们贯穿起来。这样的认识和研究方法并不多见。

第四，作者在考证中借鉴了神话故事。正如王国维先生在《古史新证》中所指出的，世界各民族的古史总是史实和神话交织在一起，其间固然不免有后人增加的成分，但一定有史实的"素地"，也即历史的背景。从神话中合理地选择史实，将有助于认识早期文明史的真实面貌。

总之，本书对于中华文明及其他一些远古时代的重大典故和传说等，提出了新的重要诠释。既有旁征博引，又有别具一格的论述方法，令人耳目一新的结论。故推荐给研究《周易》、探索天道和人道、考究上古文明的学者和爱好者阅读及探讨。

丘亮辉

谨识于太湖书院

丘亮辉，1934 年生，广东大埔人。中国科学技术协会研究员，东方国际易学研究院原副院长，国际易学联合会荣誉会长，太湖书院山长。

☯ 自序

　　我对《周易》的研究始于 20 世纪 90 年代末。忙碌了几十年的工作之后，开始步入晚年，把研究兴趣逐步转移到我所爱好的历史领域。在历史领域中，我的兴趣首选《周易》。翻开《周易》，引起我注意的是《周易》有四象：老阳、少阳、老阴、少阴；古天文学也有四象：东方苍龙、南方朱雀、西方白虎、北方玄武。而且《系辞》又曰："易有太极，是生两仪，两仪生四象，四象生八卦。"那么，《周易》的四象与古天文学的四象有共性吗？于是我开始以古天文学来研究《周易》，这既是我研究《周易》的初衷，也形成了我的研究方法的特点。初期写的几篇小文，如《论四象》《论周易与古天文之四象》等，想不到颇受一些人的欢迎。然后我又开始关注《周易》中与古天文学有关的其他概念和表述，如"先天而天弗违，后天而奉天时""参天两地""三五以变""七日来复"等。不过，我的注意力之所以最终转移到"大衍之数"上，是因为她在上古文明中特殊重要的地位以及她的神秘性，并且数千年来，一直为历代许多著名的易学家所关注。

　　诠释大衍之数的难点在于她的多义性。这是由卦爻辞、谶语、签语等数术用语的特点决定的。由于问卜者有多种目的，数术用语也需做出多种相应的诠释。所以，诠释大衍之数首先要确定她的中心思想，而这一中心思想应该是在文王演《周易》的时代，由筮法决定的。从大衍之数的"揲之以四，以象四时。归奇于扐以象闰，五岁再闰，故再扐而后挂"的筮法来看，其中提到了四时和闰月，显然说的是古天文历法。因此，《周易》筮法一定与历法有关。我想了许久，才考虑到卜筮是远古时代巫觋通天的手段，占卜者要与上天沟通，一定要精通天道，那么，《周易》筮法应该是通过五十枚蓍草的分、挂、揲、扐来模拟天道运行，从而实现与上天沟通的目的的。有了这一基本认识，才最终实现了对大衍之数的完整诠释。时间是在 2009 年。两年后，我把这一研究成果写成《综论〈周易〉大衍之数》一文。后来以此为题，在 2012 年的国际易学联合会举办的第六届国际易学与现代文明研讨会上做了学术报告。

大衍者，衍生天地万物者也。大衍之数者，衍生天地万物的基本要素者也。她体现了古人对宇宙和天地万物之间关系的最早认识，这就是古人所说的"天道"。我们认识了大衍之数，就可以在此基础上廓清易学界许多想解决而一直没有解决或一直存在争论的重大题目，如西周历法、五行起源、中华文明起源等。认识了西周历法，并按照古代的历法思维来定义四月相，就有了解决西周王年的基础。由此可以进一步认识阴阳合历的起源和五行的起源，再结合当时的社会发展状况，就可以对中华文明起源有一个更为清晰的认识。所以我提出了"大衍之数乃《周易》锁钥，天道锁钥，上古文明锁钥"的认识。有了这样的认识之后，我就决定在《综论〈周易〉大衍之数》的基础上写一本专著。最初拟的书名是《大衍之数与上古文明》。后因书中内容多涉及古天文历法，故改为《天道钩沉：大衍之数与上古文明》，但仍有宽泛之感，故经再三斟酌后，最终定名为《天道钩沉：大衍之数与阴阳五行思想探源》。

"天道"一词，常见于先秦文献。帛书《易·要》篇曰："《易》有天道焉，而不可以日月星辰尽称也，故为之以阴阳。有地道焉，不可以水火金土木尽称也，故律之以柔刚。有人道焉，不可以父子君臣夫妇先后尽称也，故要之以上下。"此处之"天道"，特指日月星辰的运行规律，属于历法概念。"地道"为万物，分而为五行，应归入五行概念。由于日月星辰的运行形成大地的春夏秋冬四时，抚育万物的生长，故天是大地和万物的创造者。大千世界的万象，都可以归为天意。故天道也称天地之道。《易·泰》曰"天地交而万物通也""天地交，泰，后以裁成天地之道"。《系辞》曰"易与天地准，故能弥纶天地之道"。《淮南子·天文训》曰"律历之数，天地之道也"。可见，天地之道的本义就是历法。

"天道"一词，是古人对宇宙的形而上学认识。《礼记·哀公问》曰："公曰：'敢问君子何贵乎天道也？'孔子对曰：'贵其不已。如日月东西相从而不已也，是天道也。不闭其久，是天道也。无为而物成，是天道也。已成而明，是天道也。'"孔子阐明了日月运行亘古不息，无为而化生万物的规律，是不以人的意志为转移的客观规律。人们通过认识日月的运行规律创建了历法，并据此制定了管理国家之法——"周礼"。其中规定，以每月的朔日作为例行的朝会之日，新王登基也定在正月朔日，以此为新王元年，开始纪年，按照节气颁布历法，规定农事时间和相应的祭祀等。故《礼记·礼运》曰："是故夫礼，必本于天。"

人类在认识自然界对自身生存的重要意义的过程中，逐渐形成原始的自然崇拜。这一崇拜集中体现为中华民族对天的信仰。上天被人格化，各种自然现象被视为上天意志的体现，由此形成了诸如天人感应、天道轮回、五德终始、天人沟通、天命等观念和学说，在此基础上建立的夏商周三代之礼，成为国家管理的手段；建立的三易、三兆等，则成为与上天沟通的手段。所有这些，都成为天道的重要内容，可以理解为广义的天道。

"钩沉"一词出自《周易·系辞上》："探赜索隐，钩深致远，以定天下之吉凶，成天下之亹亹者，莫大乎蓍龟。"这段话的意思是：探求繁杂之事物，索求幽隐之道理，钩求深远之道术，以此决定吉凶，成就事业，无有胜于筮龟者。这里的"钩深"又作"钩沈""钩沉"，其意为"探索深奥的道理或散失的内容"，常用于书名，如鲁迅先生的《古小说钩沉》、庞朴先生的《火历钩沉》等。因本书涉及大衍之数、西周历法、帝喾序三辰、黄帝建五行等一系列上古文明中的天道奥秘，故以《天道钩沉》名之。

在考证大衍之数的过程中，有幸认识了在《周易》与古天文学领域被尊为"一代大师"的南京大学知名教授卢央先生，并得到了先生的诸多指导和帮助。我在完成《综论〈周易〉大衍之数》的初稿后，第一时间把打印稿寄给了卢央先生。先生看过后，在电话中对我说："这个结果是对的。对的。"我非常希望继续向卢央先生请教有关《周易》与古天文学方面的问题，但可惜的是，卢央先生已经于2013年仙逝。现在，谨以此书的问世，告慰先生的在天之灵。

我需要感谢的是，已经高龄的国际易学联合会荣誉会长丘亮辉老师对我和本书的关注与帮助，并为之撰写了《序言》。在研究大衍之数和撰写本书的过程中，我还得到了国际易学联合会会长孙晶老师，荣誉会长王国政老师，顾问商宏宽老师、孙福万老师等的指导和帮助。在此一并表示感谢。

应该感谢的还有，九州出版社为本书的出版所付出的所有努力，做出的重要贡献。中国美术家协会的赵明钧先生，为本书题写书名并作了插图。

最后，还要感谢我的太太。她不但全程参与了本书的撰写，贡献了许多真知灼见，还在生活上给予我无微不至的关怀。

赵沃天

己亥年孟春元宵节翌日

目录

☯ 导论

　　本书最大的特点，是在诠释《周易》大衍之数的基础上，通过发现和寻求大衍之数的历史渊源，完成对阴阳五行思想中的几个重要课题的探索。这些课题是周易筮法、西周历法、帝喾与阴阳合历、五行的起源等，它们都在"天道"的范畴之内，与古天文历法密切相关。就本书探讨的历史时代而言，是指从《周易》问世的殷周之际起，追溯到中华文明起源的历史。因此，本书与上古文明有紧密的联系。

　　以研究和诠释大衍之数开篇，是一个特殊的研究视角，实际上成为探索"天道"的起点。有人说"《周易》是中华民族文化的源头"，这一说法意在提高《周易》的地位，但我以为并不准确。又有人说"《周易》是中华民族文化的源头活水"，其意是说《周易》不是"源"，而是接近于源头的、具有生命力的"流"。我以为仍然不够准确。因为在《周易》问世的数千年前，中华民族就已经创造出了光辉灿烂的文明，正是这一文明导致了《周易》的问世。

　　本书将涉及一系列学术界长期困惑或一直存在争议的课题，它们都是代表了一个历史时代的大题目。一是被称为"千古之谜"的《周易》大衍之数。事实上，她已存在了三千余年，虽然司马迁、京房、

《周易乾凿度》作者等早就已经提出过答案，但由于没有对《周易》大衍之数诞生的历史大背景作出说明，也没有在文字学上作出令人信服的诠释，以致有许多人连"大衍之数五十"都不能接受，另外提出所谓的"大衍之数五十有五"之说。二是西周历法。一方面固然是有史料不足的困难，另一方面是若干重要问题上的长期争论，如西周是处于观象授时还是推步历法阶段，是否已经认识朔日，有没有实施颁朔制度，直到今天也没有形成令人信服的结论性意见。鉴于西周历法是解决西周王年的关键，如果这个问题不解决，西周王年的任何方案都难以令人信服，"夏商周断代工程"就会成为空中楼阁。三是帝喾的贡献。现在对帝喾的研究虽然不多，但马王堆楚帛书《创世篇》以神话的方式将伏羲视为四神（黄赤道四象）之父，将帝喾视为日月之父。而在《山海经》中，帝喾又成为天帝。帝喾在神话中的地位，是后人将其非凡功绩神圣化的表现。因此，帝喾应该是继伏羲之后，又一位具有开创性伟大贡献的划时代人物。四是五行起源。五行起源关系到阴阳五行思想的历史背景和形成过程。有人提出，中华文明五千年一脉相承的原因有很多，其中一个重要的原因就是作为中华文明哲学基础的阴阳五行思想就是一脉相承的。过去，由于受到"古史辩"学派的影响，许多学者都认为五行源自战国时代的邹衍。尽管这一认识在今天影响甚微，但五行的起源问题还是没有得到解决。

由于大衍之数是探讨上古文明的基础和支点，故要想解决上述一系列上古文明中的课题，解决大衍之数就成为当务之急。因此，大衍之数是《周易》锁钥、天道锁钥、上古文明锁钥。

其次要着眼于研究方法。

从古代文明的大视野来看，中华文明始于伏羲观象授时。渔猎社会向农耕文明的转变，观象授时发展为古天文历法，诞生了阴阳五行思想，诞生了具有中华民族特色的阴阳合历，并产生了第一部集哲学、宗教学、社会学、古天文历法学、算学等大成的、对中华文明具有深远影响的伟大作品——《周易》。周人笃信，《周易》是受命于天的周天子与上天沟通的手段，其中必然涉及作为天命标志的古天文历法。古天文历法诞生的历史背景，决定了它同时具有科学和宗教的两重性。正确地、历史地认识和运用它的两重性，对于我们研究《周易》，研究中华民族文化和古代社会都有极大的益处。

第一，古天文历法的科学性。古天文学作为我国最古老的一门自然科学，具有内在的科学性和逻辑性。因此，唯有借助古天文学的逻辑理念和方法，来研究《周易》筮法和破译大衍之数，才有可能实现大的突破。由于古天文历法兼具科学性和逻辑性，我们还可以从认识论的视角上来探讨它的演变过程。

第二，古天文历法的宗教性。古人在观象授时和创建历法的过程中，我国先民形成了对天的崇拜和敬畏，并将那些在古天文历法领域做出重要贡献的祖先尊奉为天神。例如，楚帛书《创世篇》中的创世之神伏羲、女娲，《山海经》中的天帝帝喾，《尚书·洪范》所谓"天乃锡禹洪范九畴"中的大禹和多部文献中提及的"文王受命"等。这些都是基于宗教信仰而产生的神话故事和传说。宗教信仰导致人们要认识天意，创造与上天沟通的手段，于是在古天文历法发展的过程中又产生了占星术。古天文历法和占星术的发展，又催生了祭祀，诞生了三兆和三易，它们都成为古代社会的重要组成部分。可见，远古真实的历史是伴随着宗教信仰走过来的，可在传说、神话和祭祀礼仪中找到真实历史的重要痕迹。因此，我们就可以结合有关神话传说、祭祀礼仪、文献记载等，来还原和发现真实的历史。

根据以上认识，我们就以古天文历法为主线，从研究《周易》筮法和破译大衍之数入手，来探索上古文明。其基本思路可概述如下：

"大衍之数五十"之义为"十日、十二辰、二十八宿"，又称"日、月、星三辰"，或"日月星辰"。此处之"星"，即黄赤道附近的二十八个星座，又称二十八宿。古人通过观测日月相对于二十八宿的位置变化来研究他们的运动规律，进而创建历法。以十天干纪日，以十二辰纪月，故"十日、十二辰、二十八宿"合之，成为天道运行的五十要素。古人认为，天道运行衍生万物，故此五十要素又称为"大衍之数"。又，殷周之际种种偶然事件的发生，使周人认为自己得到了上天的庇佑，由此形成"天命归周"的认识。于是，就像夏有《连山》、殷有《归藏》一样，文王创建《周易》作为天命归周的标志。这就是文王演《周易》的由来。文王在创建大衍筮法时，以五十枚蓍草拟比日月星辰运行，通过推演天道实现了与上天的沟通。所以，大衍筮法中的"大衍之数五十"的论述，实质上来源于西周历法。根据这一认识，并参照有关记载，就可以复原我国古代第一部推步历法——古《周历》的本来面目，进而对长期存在争论的西周是否认识朔日，是否建立了"颁朔制度"，是否采用"年终置闰"等一系列问题作出结论。

大衍之数和西周历法的厘清，为阴阳五行思想探源和上古文明的研究奠定了可靠的基础，并可由此上溯到五帝的帝喾时代。根据大衍之数对"三辰"的认识、《尧典》的"历象日月星辰"、《国语》的"帝喾序三辰"，结合《山海经》的有关记载，阐述帝喾对古天文历法的贡献。帝喾认识到是太阳的运行规律（按照现代科学的认识，是地球围绕太阳的运行，或者说是太阳绕地球的视运行）决定了大地的四时，据此提出了太阳年的理念，建立了日月的观测体系，创建了我国古代最早的阴阳合历制度，同时又是阴阳思想的肇始。此外，帝喾还根据太阳的运行规律，建立了东、西、南、北四方，创建了二分二至，并且以黄赤道恒星作为星空背景，来观测和研究日月的运行规律，由此建立了后世长期使用的、相当于现代物理学中研究物体运动的参考系概念。帝喾是阴阳合历的创建者，在《创世篇》中被尊奉为日月之父，在《山海经》中被尊奉为"天帝"，又被称作古代中国的"哥白尼"。

五行与历法同出一源，二者都是在观象授时的过程中产生和发展的。在观象授时后期（由渔猎社会向农耕文明转型之际），农业生产催生了早期历法——星历。星历是以星象表示季节和物候现象，以便保证农业生产合于天时。在观象授时早期，主要是观测黄赤道四方的授时星座，大约不迟于黄帝时代又增加了北斗，形成早期的五宫（黄赤道四方的授时星座和北斗的合称）天象而建立了星历。帝喾创建四方（五方）之后，又以之匹配形成早期五宫—五方体系，成为五行的原初认识。这就是五行的起源。伴随着早期五宫—五方体系的形成和发展，又产生了管理五方的官员——五正、天上的五方帝和他们的辅佐——五佐。另外，还有水、火、木、金、土五大行星等多组五行要素的陆续加入。所有这些都起源于天文观测和创建星历的时代，与历法、占星术以及对天神、祖先的信仰和崇拜有关，故它们构成的体系，就被统称为"天道五行"。

古人出于对天人感应的认识和信仰，认为天上的日月星辰创造了大地的万事万物，并划分为水、火、木、金、土五材，归入地道五行体系，与天道五行合之而成为涵盖天地万物的五行体系。结合《尚书·洪范》"天乃锡禹洪范九畴"的记载来看，应该是大禹完成了这一伟大的思想体系。

综上所述，我们可以把中国古天文历法——中国最早形成的一门古代科学的发展过程，按认识论的哲学思想划分为三个重要阶段：

第一，在以伏羲观天法地为代表的观象授时阶段，古人认识到黄赤道四方恒星的出没规律与大地的四时相合，从而实现了观象授时。进入神农氏的农业文明之后，黄帝根据农业的需要，创建了星历——五行。属于古人对四时的感性认识阶段。

第二，帝喾认识到太阳的运行决定了大地的四时变化，由此提出太阳年的理念，创建了"阴阳合历"。这是古人对四时从感性认识上升到理性认识的重要阶段。创建"阴阳合历"以后，古人又陆续探索、创建了一系列的历法概念、历法参数以及测量方法，建立了阴阳合历的历法规则等，完成了创建推步历法必不可少的一系列基础性工作。

第三，创建推步历法。确定岁首、历元和闰周之后，周文王创建了我国古代的第一部推步历法——古《周历》。这标志着古人对四时的理性认识进入了实践阶段。阴阳合历经过了数千年的演绎和发展，又吸收和融合了西方现代天文学历法，形成了独具中华民族特色的历法：一是我国独创的历史悠久的二十四节气；二是太阳历法与朔望月历法的完美结合，也是中国的阴阳思想与西方自然科学的完美结合。

在观象授时和创建古天文历法的过程中，古人把寒冷和温暖、晴天和雨雪、白昼和夜晚、光明和阴暗等的变化归结为阴阳变化，形成了阴阳对立且互为消长的理念。又，在阴阳合历的形成和发展过程中，同时出现两个并行的纪时体系，一是由于观测太阳的周期性变化而形成的太阳年和节气的理念，二是由于朔望月纪时而形成的对晦朔弦望等月相的认识，这两个纪时体系具有不同的周期性，而在它们形成之初，人们就意识到需要建立闰月制度来协调两种历法体系之间的关系，由此形成了阴阳之间既相互对立又彼此协调一致的理念。上述阴阳要素的变化都可以归结为日月运行，归结为历法，由此可见，古人阴阳观念的核心是历法。

综上所述，阴阳和五行这两个概念都是古人在观象授时和创建古天文历法的过程中形成的，因为二者之间存在许多相同和相通之处，所以又被统称为"阴阳五行"。古人在认识宇宙、创建阴阳五行思想的同时，形成了对天的信仰。古圣人一方面将阴阳五行思想应用于治国理政之中，使之成为中华民族占统治地位的哲学思想；另一方面又将阴阳五行思想作为天人沟通的媒介，在夏商周三代分别创建了《连山》《归藏》和《周易》。

如果我们跨过五行的源头，沿着历史的足迹上溯而行，就会从传说中的五帝时代步入更为遥远的上古。在那个洪荒时代，可以看到清澈的蓝天和巍峨的群山之间是一望无际的绿色草原，一群手持木棒和石块的野人，正在呐喊着围猎和扑杀一群《山海经》中所描述的鸟头龙身的、庞然大物般的喷火怪兽。当白昼的繁忙和劳碌结束之后，晚霞的余晖没入远方群山的背后，一天的喧嚣归于沉寂，饱食之后的猎手们杂乱地躺在篝火周围进入梦乡，篝火旁是狼藉的兽骨。在夜幕初降的地平线上，悄然升起两颗亮星，那是苍龙之角，然后是跃起的苍龙……这不正是《乾卦》的六龙天象吗！刹那间，我从梦中惊醒，重新坐回书案旁，案上的书正是《周易》，翻开的那一页上赫然写着"大衍之数五十……"

丁酉之年仲冬朔日

第一章

论大衍之数

在中国古代流传下来的诸多千古之谜中，《周易》大衍之数以其深邃古奥著称于世。自孔子作《易传》逶迤二千五百余年至今，虽然见诸传世文献的诠释方案多达数十种，但学术界迄今难有定论。

研究大衍之数，须从三代更替和汤武革命说起。《易·革》曰：

《彖》曰：天地革而四时成，汤武革命，顺乎天而应乎人，革之时大矣哉。

正义："汤武革命，顺乎天而应乎人"者，以明人革也。计王者相承，改正易服，皆有变革，而独举汤、武者，盖舜、禹禅让，犹或因循；汤、武干戈，极其损益，故取相变甚者，以明人革也。"革之时大矣哉"者，备论革道之广讫，总结叹其大，故曰"大矣哉"也。

《象》曰：革，君子以治历明时。

正义："君子以治历明时"者，天时变改，故须历数，所以君子观兹《革》象，修治历数，以明天时也。[①]

《周易》说到的"汤武革命""治历明时"，是以"革道"说明历

---

① 李学勤主编：《周易正义》，北京大学出版社，1999，第202—203页。

法与革命之间的关系，阐明古代以革命手段建立一个新王朝的同时，要改变正朔，创建历法，作为天命的标志，昭示上天授命一个新王朝统治万民。这是夏商周三代的"天命说"与王权和历法关系的记载与佐证。又，受命于天的帝王必然要具备通天的手段，借以获知天意，作为统治天下和治理国家的依据。从大量出土的殷墟和周原卜辞来看，通天的手段是祭祀和卜筮。夏商周三代帝王各自创造了自己的与天沟通的方法，故龟有"三兆"，筮有"三易"。历法作为天命的标志，卜筮作为通天的手段，故筮必本于天，《周易》之筮法必本于西周历法，研究大衍筮法和大衍之数要从西周历法入手。所以，在文王受命作《周历》的同时，又有文王演《周易》之说。

研究发现，《周易》以大衍筮法建立天人沟通的渠道，其中的"大衍之数五十"，既是关于古天文历法的精要论述，体现了帝王的天命和对天的信仰，同时又作为筮著手段把天道寓于筮法之中。故本章从古天文历法的视角入手，溯源到殷周之际的重大历史变化时代，探寻"文王演《周易》"的原创思想，以求正确诠释大衍之数，乃至进一步认识和研究《周易》大衍筮法。

一、历代对大衍之数的诠释概述

不仅传世文献多有历代鸿儒巨匠诠释大衍之数的记载，近现代学者亦各有其说。现择其要者摘录于下：

1.《周易正义》王弼曰："演天地之数，所赖者五十也。其用四十有九，则其一不用也。不用而用以之通，非数而数以之成，斯易之太极也。四十有九，数之极也。夫无不可以无明，必因于有，故常于有物之极，而必明其所由之宗也。"①

2.《周易正义》疏引西汉京房曰："五十者，谓十日、十二辰、二十八宿也，凡五十。其一不用者，天之生气，将欲以虚来实，故用四十九焉。"②

3.《周易正义》疏引东汉马融曰："易有太极，谓北辰也。太极生两仪，两仪生日月，日月生四时，四时生五行，五行生十二月，十二月生二十四气。北辰居位不动，其余四十九转运而用也。"③

4.《周易正义》疏引东汉荀爽曰："卦各有六爻，六八四十八，加《乾》《坤》二用，凡有五十。《乾》初九'潜龙勿用'，故用四十九也。"④

5.《周易正义》疏引东汉郑玄曰："天地之数五十有五，以五行气通。凡五行减五，大衍又减一，故四十九也。"⑤

《礼记·月令》疏引郑注《易·系辞》曰："天一生水于北，地二生火于南，天三生木于东，地四生金于西，天五生土于中。阳无耦，阴无配，未得相成。地六成水于北，与天一并；天七成火于南，与地二并；地八成木于东，与天三并；天九成金于西，与地四并；地十成土于中，与天五并也。大衍之数五十有五，五行各气并，气并而减五，惟有五十，以五十之数，不可以为七八九六卜筮之占以用之，故更减其一，故四十有九也。"⑥

6.《周易正义》疏引三国曹魏姚信、董遇曰："天地之数五十有五

———————————

① 李学勤主编：《周易正义》，北京大学出版社，1999，第279页。
② 李学勤主编：《周易正义》，北京大学出版社，1999，第279页。
③ 李学勤主编：《周易正义》，北京大学出版社，1999，第279页。
④ 李学勤主编：《周易正义》，北京大学出版社，1999，第279页。
⑤ 李学勤主编：《周易正义》，北京大学出版社，1999，第279页。
⑥ 李学勤主编：《周易正义》，北京大学出版社，1999，第452页。

者，其六以象六画之数，故减之而用四十九。"①

7.《汉书·律历志上》曰："元始有象一也，春秋二也，三统三也，四时四也，合而为十，成五体。以五乘十，大衍之数也，而道据其一，其余四十九，所当用也，故蓍以为数。"②此为引用西汉末年刘歆作《三统历》的论述。

8.《周易乾凿度》曰："易一阴一阳合而为十五，之谓道。阳变七之九，阴变八之六，亦合于十五，则象变之数若之一也。五音六律七宿由此作焉，故大衍之数五十，所以成变化而行鬼神也。日十干者，五音也。辰十二者，六律也。星二十八者，七宿也。凡五十所以大阂物而出之者也。""大衍之数必五十，以成变化而行鬼神也。故曰：日十干者，五音也；辰十二者，六律也；星二十八者，七宿也。凡五十所以大阂物而出之者也。故六十四卦，三百八十四爻戒，各有所系焉。"③

9.《周易集解》引三国孙吴虞翻曰："天二十五，地三十，故五十有五。天地数见于此，故大衍之数略其奇五，而言五十也。"④

10.《周易集解》引唐崔憬曰："案《说卦》云：'昔者圣人之作《易》也，幽赞于神明而生蓍，参天两地而倚数。'既言蓍数，则是说'大衍之数'也。明倚数之法当参天两地。参天者，谓从三始，顺数而至五、七、九，不取于一也。两地者，谓从二起，逆数而至十、八、六，不取于四也。此因天地致上以配八卦而取其数也。艮为少阳，其数三。坎为中阳，其数五。震为长阳，其数七。乾为老阳，其数九。兑为少阴，其数二。离为中阴，其数十。巽为长阴，其数八。坤为老

① 李学勤主编：《周易正义》，北京大学出版社，1999，第279页。
② [汉]班固撰，[唐]颜师古注：《汉书》，中华书局，2005，第850页。
③ 林忠军：《易纬导读》，齐鲁书社，2002，第83、95页。
④ 刘大钧主编：《周易集解》，巴蜀书社，2004，第221页。

阴，其数六。八卦之数，总有五十。故云'大衍之数五十'也。不取天数一，地数四者，此数八卦之外，大衍之所不管也。"①

11. 隋肖吉《五行记卷一·论数》曰："天地之数本五十五，天五与地十通，天一与地六通，数之者气则有并，并则宜减焉。大衍减五，故有五十。其用减一，故四十有九。不并者，不可减也。今总其数五十者，天一至地十，凡五十五也，此合生成之数。"②

12. 北宋邵雍《皇极经世书·观物外篇衍义》曰："《易》之大衍何？数也，圣人之倚数也。天数二十有五，合之为五十；地数三十，合之为六十。故曰：五位相得而各有合也。五十者，蓍数也；六十者，卦数也。五者，蓍之小衍也，故五十为大衍也。八者，卦之小成，则六十四为大成也。蓍德圆，以况天之数，故七七四十九也。五十者，存一而言之也。"③

13. 南宋朱熹《周易本义》注曰："大衍之数五十，盖以河图中宫天五乘地十而得之。至用以筮，则又止用四十有九，盖皆出于理势之自然，而非人之知力所能损益也。"④

14. 清惠栋《周易述·象上传》疏曰："大衍之数五十，谓日十、辰十二、星二十八，三辰之数凡五十也。"⑤

《周易述·易微言下·三才》曰："大衍之数五十，三才五行之数也。三才者，日十、辰十二、星二十八，凡五十。日合于天统，月合于地统，星主斗，斗合于人统。故曰：三才之数。五行者，天地之数五十有五。土生数五，成数五，五十有五减五，故五十，此五行之

①　刘大钧主编：《周易集解》，巴蜀书社，2004，第219页。
②　郭彧：《京氏易源流》，华夏出版社，2007，第251页。
③　[宋]邵雍著，[明]黄畿注：《皇极经世书》，中州古籍出版社，1993，第299页。
④　[宋]朱熹：《朱子全书·周易本义》，上海古籍出版社，2002，第130页。
⑤　[清]惠栋撰，郑万耕点校：《周易述·象上》，中华书局，2007，第143页。

数。"①

《易例·伏羲作易大义》曰:"天地之数五十有五,而五为虚,故大衍之数五十。三才、五行毕举于此矣,故以作八卦。三才者,京房章句曰:'日十也,月十二也,星二十八也,合之为五十。'"注曰:"土生数五,成数五,二五为十,故有地十。《太玄经》:五五为土。《月令》:中央土,其数五,亦是成数。"②

15. 今人金景芳先生《〈周易·系辞传〉新编详解》曰:"今通行本《系辞传》既有错简,又有脱文。脱文处是:大衍之数应为'五十有五',通行本则为'大衍之数五十',脱失'有五'二字。今为之补阙。"③

以上诸种方案可以区分为"大衍之数五十"和"大衍之数五十有五"两大类。诠释"大衍之数五十"的方案虽多,但都缺乏进一步的说明及传世文献佐证,以至有些人用天地之数来诠释大衍之数,把两者混为一谈。陈恩林先生对此评论说:"汉魏以来的易学家,虽然大多尊奉'大衍之数五十'之说,但在具体解释大衍之数时,许多人却又援引天地之数以为据。"④郭鸿林先生亦言:"以上诸家,对'大衍之数五十'句多不明其义。"⑤鉴于"五十"之说长期得不到满意的解释,于是有人认为大衍之数本来就是"五十有五",因"有五"二字脱文,导致后人误读为"大衍之数五十"。孰是孰非,漫漫两千余载尚无定论。

① [清]惠栋撰,郑万耕点校:《周易述·易微言》,中华书局,2007,第501页。
② [清]惠栋撰,郑万耕点校:《周易述·易例》,中华书局,2007,第648页。
③ 金景芳:《〈周易·系辞传〉新编详解》,辽海出版社,1998,第52—53页。
④ 陈恩林、郭守信:《关于〈周易〉"大衍之数"的问题》,《中国哲学史》1998年第3期。
⑤ 郭鸿林:《评宋人陆秉对〈周易〉"大衍之数"的解说》,《周易研究》1992年第1期。

二、"大衍筮法"一章的基本架构

"大衍之数"原载于《易传·系辞》的"大衍筮法"一章，为正本清源起见，在诠释"大衍之数"之前，有必要先考证此章的版本，分析"大衍筮法"一章的基本架构，由此确定"大衍之数"在其中的地位和作用，为诠释奠定基础。

传世文献中的"大衍筮法"一章有三种版本，即东汉熹平石经本、三国魏王弼本和宋朱熹《周易本义》本。两汉时期，曾经对"五经"作过多次校订，其中非常重要的一次是在东汉灵帝熹平年间，以蔡邕为首校订"五经"，并将定本镌刻于石碑之上，史称"熹平石经"。碑石早已破损，民国年间陆续有残石出土，台湾屈万里先生得其残字拓本，其中有《周易》残字共四千四百余个，占《周易》全书五分之一弱。经屈先生著文考证，碑文每行七十三字无疑，且"天一"至"地十"共二十字，下接"天数五"一段。从现代语法的角度来看，从"天一"到"行鬼神也"是一个完整的语法段落，共六十四字，其中心思想是天地之数。而从"大衍之数五十"到"再扐而后挂"是另一个语法段落，共四十九字，其中心思想是大衍之数。"大衍之数"四十九字位居"天地之数"六十四字之前。屈文中有碑文之复原图。[①]故"大衍筮法"一章在划分语法段落之后应为：

> 大衍之数五十，其用四十有九；分而为二以象两；挂一以象三；揲之以四，以象四时；归奇于扐以象闰，五岁再闰，故再扐而后挂。

---

① 屈万里：《汉石经周易残字集证》，乐学书局，1961，卷二第33—34页，卷三第6页。

天一，地二；天三，地四；天五，地六；天七，地八；天九，地十。天数五，地数五，五位相得而各有合。天数二十有五，地数三十。凡天地之数五十有五。此所以成变化而行鬼神也。

《乾》之策二百一十有六，《坤》之策百四十有四，凡三百有六十，当期之日。二篇之策，万有一千五百二十，当万物之数也。是故四营而成易，十有八变而成卦，八卦而小成。引而伸之，触类而长之，天下之能事毕矣。显道神德行，是故可与酬酢，可与佑神矣。

在今人的《周易》经传注释中，高亨、徐子宏、杨维增等诸位先生均采用此本。①

在王弼本中，把"天一……地十"的二十字提出，另置于《系辞上》第十章之首，其余文字作为第八章。宋程颐认为，王弼本有误。程颐说："自'天一'至'地十'合在'天数五，地数五'上，简编失其次也。天一生数，地六成数，才有上五者，便有下五者，二五合而成阴阳之功，万物变化，鬼神之用也。"②《汉书·律历志》载："故《易》曰：'天一地二，天三地四，天五地六，天七地八，天九地十。天数五，地数五，五位相得而各有合。天数二十有五，地数三十，凡天地之数五十有五，此所以成变化而行鬼神也。'"③《律历志》是《汉书》作者班固根据刘歆《三统历》所作，在刘向、刘歆父子校书之

① 高亨：《周易大传今注》，齐鲁书社，1998，第394—399页。徐子宏译注：《周易全译》，贵州人民出版社，1991，第361—362页。杨维增：《周易基础》，花城出版社，1994，第366—368页。

② [宋]程颢、[宋]程颐：《二程全书·河南程氏经说》影印本，第4—5页。

③ [汉]班固撰，[唐]颜师古注：《汉书》，中华书局，2005，第850页。

时，曾经用周王室和孔府壁藏的《周易》经传本详细核对过西汉时流行的各种传本，故此段引文可靠，可证程颐之说有理。也就是说，"天地之数"六十四字作为整体，构成一个完整的语法段落，不能把"天一……地十"二十字另置于第十章之首。

朱熹的《周易本义》把"天地之数"六十四字放在"大衍之数"四十九字之前，也与熹平石经本不合。

就熹平石经本而论，第一段所言"揲之以四，以象四时；归奇于扐以象闰，五岁再闰，故再扐而后挂"云云，很显然是反映文王演《周易》时代的历法成就，是以大衍之数论阴阳，论历法。第二段按《洪范正义》注五行曰：

> 《易·系辞》曰："天一，地二，天三，地四，天五，地六，天七，地八，天九，地十。"此即是五行生成之数。天一生水，地二生火，天三生木，地四生金，天五生土，此其生数也。如此则阳无匹，阴无耦，故地六成水，天七成火，地八成木，天九成金，地十成土，于是阴阳各有匹耦，而物得成焉，故谓之成数也。[1]

可见，第二段是以天地之数论五行。大衍之数与天地之数合而言之，即阴阳五行也，构成了文王演《周易》的原创思想。第三段是以"《乾》《坤》之策"论天地之道和《周易》的卦爻架构，这样就构成了对大衍筮法的完整论述。

在"大衍筮法"一章的三个版本中，惟熹平石经本哲理明晰，逻

---

[1] 李学勤主编：《尚书正义》，北京大学出版社，1999，第302页。

辑严整，符合文王演《周易》的原创思想和孔子作"十翼"的本意。故笔者以熹平石经本为据，探讨大衍之数、大衍筮法，乃至其与阴阳五行思想的渊源。

在大衍筮法中，大衍之数为阴阳，为历法。由于历法讲的是日月星辰的运行规律，是天意的标志，"三易"作为受命于天的君主与上天沟通的手段，故筮法应源于历法。只有以历法创建筮法，才能合于天意。故《周易》筮法是以揲蓍之法寓意历法，揲蓍过程在本质上就是推演天道的过程。

天地之数为五行。从"天一生水，地六成水之"的说法来看，生数加五而为成数。"五"为土，这说明水、火、木、金得土（五）而成，是大地生成万物之意，故此处之五行为地道五行，又称"五材"，《左传·襄公二十七年》曰："天生五材，民并用之，废一不可。"杜预注曰："五材：金、木、水、火、土也。"[1] 五材为万物的五种形态，故"天地之数"寓意大地的万事万物。《左传·昭公三十二年》又曰"天有三辰，地有五行"，[2] 亦是此意。所以，大衍筮法引入大衍之数和天地之数的本意是通过推演天道，来洞察万事万物的运行规律。古往今来，一直有人把大衍之数混同于天地之数，甚至认为天地之数就是大衍之数。此类认识，显然不妥。

又，"大衍筮法"一章有筮数七、八、九、六，又有"天数五，地数五，五位相得而各有合。天数二十有五，地数三十，凡天地之数五十有五。《乾》之策二百一十有六，坤之策百四十有四，凡三百有六十，当期之日。二篇之策，万有一千五百二十，当万物之数"等诸

---

① 李学勤主编：《春秋左传正义》，北京大学出版社，1999，第 1065 页。
② 李学勤主编：《春秋左传正义》，北京大学出版社，1999，第 1528 页。

多有关"数"的记载，[1]都是源于天地之数。

三、诠释"大衍之数"

"大衍之数"的正确诠释是"十日、十二辰、二十八宿"。前文列举的西汉京房、《乾凿度》作者、郑玄乃至清惠栋等，都已经明确提出过这一认识，但由于都缺乏进一步说明，特别是对"大衍之数"四十九字没有给出完整的、令人信服的诠释，以致这一认识至今尚未得到学界的普遍认可。有鉴于此，下面着重对"大衍之数"四十九字作出考证说明，并且阐发其所蕴含的古天文历法意义和涉及的上古文明。

由于《周易》是周天子与上天和先祖沟通的手段，其中必然涉及古人对天的宗教信仰，以及作为天命标志的古天文历法。为论述方便起见，现将"大衍之数"四十九字划分为五个分句，并简化称谓如下：

> 大衍之数五十，其用四十有九（简称"去一"）；
> 分而为二以象两（简称"分二"）；
> 挂一以象三（简称"象三"）；
> 揲之以四，以象四时（简称"揲四"）；
> 归奇于扐以象闰，五岁再闰，故再扐而后挂（简称"扐五"）。

研究的方法是，首先从意义较为明确的第四、五两句入手，然后通过古天文历法中固有的逻辑关系来分析其他三句的意义和"大衍之数"四十九字的中心思想。由于第四句"揲四"提出的四时和第五句

---

① 李学勤主编：《春秋左传正义》，北京大学出版社，1999，第 281 页。

"扐五"提出的闰月都是古天文历法概念，故两句合起来是说：古人在认识到四时的规律性之后，进一步创建了置闰规则，即在五年中设置两个闰月。我们由此推想，第四句和第五句之间确实存在某种逻辑关系，前三句应与观测日月运行和认识四时有关，而"大衍之数"四十九字的中心思想是讲天文历法，古代谓之"天道"。

首先，依据古天文历法的内在逻辑，来分析、研究和考证大衍之数。

大衍之数的"十日、十二辰、二十八宿"中，"十日"者，以十天干纪日也；"十二辰"者，以朔望月纪月也；"二十八宿"者，以二十八宿的周期性出没纪岁与四时也。因此，日、月和二十八宿都是认识日、月、岁和四时等历法参数所必须观测的天体，故"十日、十二辰、二十八宿"合之，是古代观测天象和创建历法所用的天道五十要素。在大衍筮法中，是以五十枚蓍草来寓意天道五十要素，而筮法中的"去一""分二""象三""揲四""扐五"等专用概念，都有它们各自的天道内涵，分别拟比创建推步历法过程中的某一专用程序或参数。（这正是几千年来"大衍之数"难以破译的隐秘和关键所在。）质言之，《周易》筮法就是以揲蓍推演和拟比天道五十要素的运动变化之象，使揲蓍程序与天道相合，借以沟通天人，询问天意，做出占断。

其次，依次诠释"去一""分二""象三""揲四""扐五"等专用概念的天道内涵，并概述五个分句的大意。

"去一"之"一"，其天道内涵为北辰星座，或称太一、太极。古人以之为主气之神，或谓天帝所在。王弼以之为太极。在古天文观测中，北辰星座的帝星位于北天极，是周天星宿运行的中心和基准。又，

《乾凿度》中有"太一行九宫"演绎十日之说。① 太一位于九宫八卦图之中宫，十日之中需行走中宫两次，故需"去一"。

此句释义："大衍之数五十"是天道五十要素。"去一"之"一"为太一或北辰，作为天文观测的基准，揲蓍时去而不用，用其余四十九枚蓍草。

"分二"之"二"，诸儒多释作"两仪"，天地或阴阳，但用于此处并不确切。《月令》孔疏曰：

> 日月右行，星辰左转，四游升降之差，二仪运动之法。②

把"两仪"释为日月等行星（古称"纬星"）和二十八宿等恒星（古称"经星"），以与古天文历法的中心思想相合，且与五十枚蓍草寓意天道五十要素之义相合。故"分二"之天道内涵是划分为纬星日月与经星二十八宿。

此句释义：把四十九枚蓍草分而为二，寓意纬星日月和经星二十八宿。

再看"象三"。这里的"挂一"谓"分二"之后，取一枚蓍草夹在小指与无名指之间，称"挂一以象三"。其中的"挂"，按《说文》曰：

> 挂，画也。从手、圭声。段玉裁注：《易·系辞传》："分而为二以象两，挂一以象三。"……古本多作"画"者，此等皆有分别画出之意。陆德明云："掛，别也。"③

---

① 林忠军：《易纬导读》，齐鲁书社，2002，第94—95页。
② 李学勤主编：《礼记正义》，北京大学出版社，1999，第442页。
③ 〔汉〕许慎撰，〔清〕段玉裁注：《说文解字注》，上海古籍出版社，1981，第609、610页。

"画"同"划",有画出、划分之义,引申为开始新的阶段。古代为便于历法推算,需要根据日月星辰的运行规律,确定历法推步计算的起算点,谓之"历元"。"挂一"之"一",有太一、太极、基准之义,故此处的"挂一"应理解为确定或创建古《周历》的历元。文王受命改正朔,创建古《周历》。按"周正建子"之说,以仲冬之月(古《夏历》十一月,冬至所在之月)为岁首,以日月合朔于冬至日作为历日推步的起点,据此创建历元。又,"挂"字"从手,圭声",是以手持圭之象。商周时代,"圭"是王命的象征。周天子具有代天行命的宗教神权,"正朔"作为王者受天命的权威与象征。

关于"象三"之"三",诸儒因释"二"为天地,故释"三"为"天、地、人三才"。此种解释与"四时""闰月"之说多有不合,故使得"大衍之数"四十九字的语法段落缺乏完整性和逻辑性。再加上五十枚蓍草寓意天道五十要素的日、月、二十八宿,也与"三才"之义不合,故笔者不取此说。清惠栋独具慧眼,曰"大衍之数五十,谓日十、辰十二、星二十八,三辰之数凡五十也",[①]是以"三"为"三辰"。台湾学者屈万里亦取此义。[②]又,观测日、月和二十八宿的运行,古称"历象日月星辰",又称"历象三辰"。《后汉书·律历下》曰:

> 承圣帝之命若昊天,典历象三辰,以授民事,立闰定时,以成岁功。……治历明时,应天顺民,汤武其盛也。[③]

---

① [清]惠栋撰,郑万耕校注:《周易述》,中华书局,2007,第143页。
② 屈万里:《读易三种》,(台北)联经出版事业公司,1983,第402页。
③ [南朝宋]范晔撰,[唐]李贤等注:《后汉书》,中华书局,2005,第2070页。引文中的"圣帝"指帝尧,"治历明时,应天顺民"是指成汤伐桀、武王伐纣都是上承天命、下顺民意之举,他们在受命之时都颁布了新的历法。

《说文》曰："典，五帝之书也。"^①故引文所谓的"承圣帝之命若昊天，典历象三辰"，与《尚书·尧典》之"（尧）乃命羲和，钦若昊天，历象日月星辰"所言同义，"历象三辰"即"历象日、月、星辰"，"三"的天道内涵是"三辰"，即日月星辰是也。"辰"的天道内涵是在观象授时中所用的授时星宿。由此可证惠栋以"三"为"三辰"之说，确有其理。

关于"辰"，《说文》释曰：

> 辰，房星，天时也。"段玉裁注：韦注《周语》曰"农祥，房星也。"房星，辰正，为农事所瞻仰，故曰天时。引申之，凡时，皆曰辰。^②

由此可见，"辰"最初指房星，房星的出现预示着春天农事的开始，后来引申为用来授时的特定天体或天象。这类天体，最常见的是日、月、二十八宿，合称"三辰"。这类天象，即日月相合为"辰"，如伶州鸠天象所言"辰在斗柄"。

此句释义：创建历元，以日月合朔于冬至日作为历日推步的基准，观测日、月和二十八宿的运行规律。

"揲四"者，蓍草按四枚一组分而揲算之，寓意春夏秋冬四时。"揲四"是"历象日月星辰"的结果，再结合下文的"扐五"，即在五岁中安排了年中置闰与年终置闰的两个闰月，明确建立了置闰规则，故"揲"之天道内涵是以天象正定节气，"以象四时"寓意以四仲中

---

① ［汉］许慎撰，［清］段玉裁注：《说文解字注》，上海古籍出版社，1981，第200页。

② ［汉］许慎撰，［清］段玉裁注：《说文解字注》，上海古籍出版社，1981，第745页。

星天象正定春分、夏至、秋分、冬至。

此句释义：以日月星辰之象正定四时。

最后再看"扐五"。《周历》以相邻两个冬至间的长度为一岁，十二个朔望月为一年，"奇"之天道内涵为日月运行之差或余数。①"扐"指积余数为一月。"归奇于扐以象闰"者，是在积余数累积为一月之时按置闰规则设为闰月。"再闰"者，是第二次积余成闰。"再扐而后挂"者，是说在第二次置闰（"再扐"）之后重新回到"挂一"的基准状态，即日月合朔于冬至日，开始新的置闰周期。陆德明云："掛，别也"，②亦为此意。故闰周（或曰"章岁"）为五岁，置闰规则为五岁再闰。这是早期推步历法创建时代的闰法。

《尧典》曰："期三百有六旬有六日，以闰月定四时，成岁。"③又据陈美东先生考证，在帝尧时代已经开始使用一岁为三百六十六日的历法，到殷商时期，每年十二月，大月三十日，小月二十九日；除有连大月的记载外，还有闰月。④由此推知，平年十二月为三百五十四日，与一岁之差为每年十二日，五年六十日，可设两个闰月，闰月为大月三十日；插入闰月后，就有连大月存在。这一认识，在殷商后期就已经形成。又，陈梦家先生通过考证殷墟甲骨卜辞得出，在祖庚、祖甲两朝，年中和年终置闰并存；到晚殷乙辛时代，已有年中置闰的实例。⑤彭邦炯先生又曰：

商代普通一年为十二个月，闰年为十三个月。武丁时多见

① 古人以岁为四时，岁实是中国用的太阳年。
② 李学勤主编：《周易正义》，北京大学出版社，1999，第375页。
③ 李学勤主编：《尚书正义》，北京大学出版社，1999，第10、18、28—30页。
④ 陈美东：《中国科学技术史·天文学卷》，科学出版社，2003，第21—25页。
⑤ 陈梦家：《殷墟卜辞综述》，中华书局，1988，第221—222页。

"十三月"。过去一般认为前期置闰月于年终，后期则置于年中，其实也不尽然。祖庚、祖甲后的甲骨文中开始有年中置闰，但到廪辛、康丁时期，也还有置闰年终的。这说明商代的历法还在不断改进，并不是机械地把闰月都放在年末，而是从实际出发的。大致祖庚、祖甲起，便置闰于所闰之月。[①]

这一认识是通过殷墟甲骨文中记载的祭祀日期推算出来的，说明当时已不再仅仅是年终置闰，而是按照置闰规则在所需之月置闰。文王继承了这一置闰规则，并且按周正建子，以日月合朔于冬至日创建历元，沿用岁长三百六十六日，五岁再闰，建立《周历》，称之为"古《周历》"，以区别于春秋后期古六历中的《周历》。

此句释义：以揲算之"余"寓意日月运行之差，积余为第一次置闰，到五岁末再次置闰，然后返回到日月合朔于冬至日的历日推步的基准状态。

值得注意的是，韩康伯和孔颖达诠释"五岁再闰"曰：

韩注：凡闰，十九年七闰为一章，五岁再闰者二，故略举其凡也。

孔颖达正义："五岁再闰"者，凡前闰后闰，相去大略三十二月，在五岁之中，故五岁再闰。[②]

由引文可知，先秦四分历两个相邻的闰月相差约为三十二个月，必在五年之中，故称"五岁再闰"。需要注意的是，文王演《周易》

---

① 彭邦炯：《商史探微》，重庆出版社，1988，第310页。
② 李学勤主编：《周易正义》，北京大学出版社，1999，第280—281页。

时的古《周历》以三百六十六日为一岁，"五岁再闰"的第二次闰月是闰周五岁的最后一次闰月。而春秋后期的历法，是以三百六十五又四分之一日为一岁，闰法由五岁再闰调整为十九年七闰。故此时的五年时段中的第二次闰月不是闰周的最后一次，不能重返推步起点的"挂一"状态，与古《周历》不合。因此，我们应按古《周历》来诠释大衍之数，不采用韩康伯说。

对"大衍之数"这一语法段落的综合诠释是：

大衍者，天地万物衍生变化之大法也。"大衍之数五十"者，天道五十要素也。周易筮法以五十枚蓍草寓意天道五十要素，以揲蓍之法推演五十要素的运行变化。其"一"为太一，去之而余四十九。分而为左右二簇，寓意纬星（行星日、月）和经星（恒星二十八宿）。左簇一枚蓍草挂在小指与无名指之间，寓意创建历元作为历日推步的基准。其余蓍草寓意日、月、二十八宿运行之象，此谓之"历象三辰"或"历象日月星辰"。左右两簇蓍草按四枚一组揲之，寓意正定春、夏、秋、冬四时。蓍草揲算之余谓之"奇"，积余成闰，为第一次置闰，到五岁的闰周之末为第二次置闰，重新回到日月合朔于冬至日的历日推步的基准状态。

综上所述，大衍之数即日月星三辰。"大衍之数"四十九字是以分、挂、揲、扐四营寓意三辰运行，四时周流，置闰以创建历法，与《尧典》"历象日月星辰，敬授民时，汝羲暨和。期三百有六旬有六日，以闰月定四时，成岁"的天道运行大法相合。这就表明大衍之数确实来源于古天文历法。

古天文历法的核心是研究阴阳二气的变化规律，为周易阴阳思想之滥觞。从远古的自然崇拜来看，伏羲观天法地而作八卦这一传说本身，说明正是由于古人对天乃至对日月星辰的崇拜和信仰，才导致卜筮的诞生。周易是天人沟通的手段，历法是王者受命于天的标志，故筮法必有古天文历法之内涵；惟视大衍之数为天道要素，才能与大衍筮法的古天文历法原创思想相合。综上所述，京房"五十者，谓十日、十二辰、二十八宿"，即日月星三辰，即天道运行五十要素。通过推演这些要素的运行规律来创建历法，就是大衍之数的正确答案。具体言之为：

十日（十天干）：甲、乙、丙、丁、戊、己、庚、辛、壬、癸。

十二辰（十二地支）：子、丑、寅、卯、辰、巳、午、未、申、酉、戌、亥。

二十八宿分为四象，按日在顺序，依次为：

东宫苍龙：角、亢、氐、房、心、尾、箕。

北宫玄武：斗、牛、女、虚、危、室、壁。

西宫白虎：奎、娄、胃、昴、毕、觜、参。

南宫朱雀：井、鬼、柳、星、张、翼、轸。

四、司马迁论大衍之数

司马迁在《史记》中多次隐晦地提到大衍之数，只有在深入分析和研究之后，才有可能洞察其深层内涵。最重要的是，他在《律书》中以八方风演绎十天干、十二辰（《史记》中称"十母""十二子"）、二十八宿的论述，建立了大衍之数与八卦之间的关系。长期以来，许多学者都没有意识到，《律书》这段记载就是司马迁对大衍之数的认识。其文曰：

不周风居西北。东壁居不周风东，至于营室。东至于危。十月也，律中应锺。其于十二子为亥。

广莫风居北方。东至于虚。东至于须女。十一月也,律中黄锺。其于十二子为子。其于十母为壬癸。东至牵牛。东至于建星。十二月也,律中大吕。其于十二子为丑。

条风居东北。南至于箕。正月也,律中泰蔟。其于十二子为寅。南至于尾。南至于心。南至于房。

明庶风居东方。二月也,律中夹钟。其于十二子为卯。其于十母为甲乙。南至于氐。南至于亢。南至于角。三月也,律中姑洗。其于十二子为辰。

清明风居东南维。轸。西至于翼。四月也,律中中吕。其于十二子为巳。西至于七星。西至于张。西至于注。五月也,律中蕤宾。

景风居南方。其于十二子为午。其于十母为丙丁。西至于弧。西至于狼。

凉风居西南维。六月也,律中林锺。其于十二子为未。北至于罚。北至于参。七月也,律中夷则。其于十二子为申。北至于浊。北至于留。八月也,律中南吕。其于十二子为酉。

阊阖风居西方。其于十母为庚辛。北至于胃。北至于娄。北至于奎。九月也,律中无射。其于十二子为戌。[1]

宋朱震鉴于《律书》这段文字冗长且有错简,无法直接使用,故在《汉上易传》中对其进行重新整理,并绘制成《十二律通五行八正之气图》。[2](见图 1-1)

---

① [汉] 司马迁撰,郭逸等标点:《史记》,上海古籍出版社,1997,第 1035—1038 页。

② [宋] 朱震:《汉上易传·卦图卷中》,九州出版社,2012,第 333—334 页。

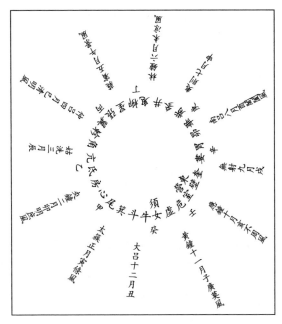

图 1-1 十二律通五行八正之气图

为使八方风演绎得更为方便和直观，笔者参照图 1-1，将《律书》中的相关论述绘制成表 1-1。同时为了便于读者理解和对照，又将"斗建"和战国岁星纪年的相关内容绘制成表 1-2。

表 1-1 《史记·律书》之八风

八风	八方	二十八宿	十母	十二子	十二月	十二律
不周风	西北	壁、室		亥	十月	应锺
广莫风	北	危、虚、女	壬、癸	子	十一月	黄锺
		牛、斗		丑	十二月	大吕
条风	东北	箕、尾		寅	正月	泰蔟
明庶风	东	心、房、氐	甲、乙	卯	二月	夹锺

八风	八方	二十八宿	十母	十二子	十二月	十二律
		亢、角		辰	三月	姑洗
清明风	东南	轸、翼		巳	四月	中吕
景风	南	张、星、柳	丙、丁	午	五月	蕤宾
凉风	西南	鬼、井		未	六月	林锺
		参、觜		申	七月	夷则
阊阖风	西	毕、昴、胃	庚、辛	酉	八月	南吕
		娄、奎		戌	九月	无射

表 1-2　十二月、斗柄建辰、岁星纪年 [①]

月与斗建		战国岁星纪年法				
月（夏历）	辰（斗建）	岁名	太岁在	岁星在	十二次	二十八宿
正月	寅	摄提格	寅	丑	星纪	斗、牛
二月	卯	单阏	卯	子	玄枵	女、虚、危
三月	辰	执徐	辰	亥	诹訾	室、壁
四月	巳	大荒落	巳	戌	降娄	奎、娄
五月	午	敦牂	午	酉	大梁	胃、昴、毕
六月	未	协洽	未	申	实沈	觜、参
七月	申	涒滩	申	未	鹑首	井、鬼
八月	酉	作鄂	酉	午	鹑火	柳、星、张
九月	戌	阉茂	戌	巳	鹑尾	翼、轸
十月	亥	大渊献	亥	辰	寿星	角、亢
十一月	子	困敦	子	卯	大火	氐、房、心
十二月	丑	赤奋若	丑	寅	析木	尾、箕

---

① 表1-2中的"岁星纪年"，参见陈久金：《从马王堆帛书〈五星占〉的出土试探我国古代的岁星纪年问题》，载《中国天文学史文集》编辑组编：《中国天文学史文集》，科学出版社，1978，第51页。

八方风演绎大衍之数的方法是：首先，把八方风按照上南、下北、左东、右西的方位布局放入九宫八卦图中。（见图 1-2）关于九宫八卦与八方风之间的关系，卢央先生曰：

> 八卦主八风，艮为条风，震为明庶风，巽为清明风，离为景风，坤为凉风，兑为阊阖风，乾为不周风，坎为广莫风。八风与八卦、八节、八方的配应……其根本原因就在于风为天地之号令，为天地之合气，风的行为代表了天的意志。[1]

巽 4 清明风	离 9 景风	坤 2 凉风
震 3 明庶风	北辰 5	兑 7 阊阖风
艮 8 条风	坎 1 广莫风	乾 6 不周风

图 1-2　九宫八卦图中的八方风

此说大约出于《淮南子·天文训》高诱注。[2]

其次，在图 1-2 的基础上八卦演绎大衍之数的图式化表达，直观地显示由十天干、十二辰到二十八宿的演绎过程。具体方法是：首先在九宫八卦图的周边四方，由内向外地记入表 1-1 中与四正位风对应的有关参数：

---

① 卢央：《中国古代星占学》，中国科学技术出版社，2008，第 88—89 页。
② 张双棣：《淮南子校释》，北京大学出版社，1997，第 264、284—286 页。

广莫风—北—壬、癸—子（十一月）—女、虚、危；

明庶风—东—甲、乙—卯（二月）—氐、房、心；

景风—南—丙、丁—午（五月）—柳、星、张；

阊阖风—西—庚、辛—酉（八月）—胃、昴、毕。

接着，再按照十二辰和二十八宿的顺序记入其余风，即可得到"八方风演绎大衍之数"之图。（见图1-3）

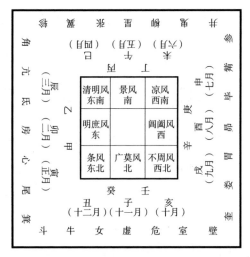

图 1-3　八方风演绎大衍之数

在图1-3中，天干、地支、十二月按顺时针方向配置，二十八宿按逆时针方向配置。另外，戊己居中宫，取中央戊己土之义，图1-3中未示。

在图1-3中，八方风与文王八卦有固定的对应方位，故"八方风演绎大衍之数"即文王八卦演绎大衍之数，由此证明了文王八卦与大衍之数的渊源。

此外，宋朱震在《十二律通五行八正之气图》的说明中进一步指出：

> 太史公所论，即《乾凿度》所谓五音六律七变，由此而作。京房论大衍五十，谓十日十二辰二十八宿为五十，其一不用者，天之生气。郑康成谓天地之数五十有五，以五行气通，凡五行减五，大衍又减一，其说皆本于此。[①]

朱震认为，太史公以八方风演绎十天干、十二辰、二十八宿的论述，是得到了大衍之数这一天人沟通秘术的真传。《乾凿度》、京房和郑玄等关于大衍之数的论述无不以此为本。由此看来，朱震本人对大衍之数的认识，也应该与这一传承体系有关。

《律书》又曰：

> 旋玑玉衡以齐七政，即天地二十八宿、十母、十二子。钟律调自上古，建律运历造日度，可据而度也。[②]

正义注"十母""十二子"分别为十天干和十二地支，故此处的"二十八宿""十母""十二子"即大衍之数。太史公认为，"旋玑玉衡以齐七政"与大衍之数有关。《律书》此段文字出自《舜典》中有关舜帝即位的记载。其文曰：

> 正月上日，受终于文祖。在璇玑玉衡，以齐七政。肆类

---

① ［宋］朱震：《汉上易传·卦图卷中》，九州出版社，2012，第333—334页。
② ［汉］司马迁撰，郭逸等标点：《史记》，上海古籍出版社，1997，第1042页。

于上帝，禋于六宗，望于山川，遍于群神。[1]

这段文字的大意是说，舜观测天象，祭告天帝、山川和群神后，称帝即位。司马迁把舜帝即位与大衍之数联系起来，颇有深意。他借助于这一历史事件强调大衍之数是天意的象征，特别是在王朝变革或帝位更替之际，需要以大衍之数为基础改正朔、颁行历法，由此确立自身具有天命所归的合法性。由此联想到帝尧以"四仲中星天象"颁布历法，以及文王"改正朔"、建《周历》等，其意均在于此。

《天官书》又曰：

为天数者，必通三五。终始古今，深观时变，察其精粗，则天官备矣。

司马贞《索隐》注曰：三谓三辰，五谓五星。[2]

"三五"者，"三"为"三辰"，即大衍之数；"五"为"五星"，即"五行"也。此处"五星"者，乃中宫北斗、东宫苍龙、南宫朱雀、西宫白虎、北宫玄武也。关于"五行""五星"，将在本书第四章详述，此处不再赘述。

太史公在《天官书》中进一步指出：

孔子论六经，纪异而说不书。至天道、命，不传。传其人，不待告；告非其人，虽言不著。[3]

---

① 李学勤主编：《尚书正义》，北京大学出版社，1999，第54—55页。
② ［汉］司马迁撰，郭逸等标点：《史记》，上海古籍出版社，1997，第1108页。
③ ［汉］司马迁撰，郭逸等标点：《史记》，上海古籍出版社，1997，第1103页。

　　由于大衍之数涉及天人沟通的秘术，认识到大衍之数的奥秘就意味着通晓天意，故属于"天道、命，不传"之列。也就是说，孔子虽然在《系辞》中记载了大衍筮法和大衍之数，但始终没有详细阐述"大衍之数五十"的具体所指，给后人留下了这一千古之谜。出于对天的虔诚信仰，孔子传易世系的历代传人也都恪守孔子的这一教诲。这可能就是大衍之数长期不为人知的重要原因。太史公作为孔子世系的嫡系传人，虽然自己已经得到了大衍之数的真传，但不便在《史记》中公示出来，只是隐晦地点到为止。

五、试论大衍秘术及其传承

　　殷墟和周原甲骨文中关于祭天、祭星、祭祖的卜辞，充分说明重大事件的占卜都与祭祀同时进行。[①] 作为与上天和祖先沟通的手段，以大衍筮法占卜，除了要通晓大衍之数和天地之数的密钥以外，还需要执行特定的程序和仪式（其中包括册书、祷词、咒语、乐歌、法物、祭器、供品等）。这些手段关系到周王室的天命和天数，为周天子与天帝、先祖沟通时专用，都属于周易的最高核心机密，姑且称之为"大衍秘术"。周王室的祭天与占卜，最初由王室史官专掌，如文王、武王时代的姜尚、史佚等，非嫡系传人不传，故在相当长的历史时期内，此秘术一直属于"天道、命，不传"之列。[②] 得到真传者出于对天的敬畏和严格的宗教信仰，不得泄露天机。西周后期流落到民间的星象占卜人士，绝大多数只是懂得卜筮的手法，根本不懂得大衍秘术的幽微和隐秘之处，以及与天帝、祖先沟通的密钥所在。因此，大衍

---

① 沈建华：《初学集：沈建华甲骨学论文选》，文物出版社，2008，第49—56页。

② ［汉］司马迁撰，郭逸等标点：《史记》，上海古籍出版社，1997，第1103页。

秘术也就日益鲜为人知了。

周易的衣钵传承，应该有两条主要渠道。第一是周王室的史官。史官是当时的高知识群体，除记史之外，史官还要精通天文、历法、占星、乐律、卜筮等。这些知识和技能的传承并未因周王朝的衰落、覆亡而中断，其间仍然人才辈出。史官后世传人或在异国、新王朝为官，或入王侯幕府为客，或从业市井，或隐居江湖，精研天文历算、数术、龟策等。因缺乏系统记载，史官传承世系早已不为人知。

第二是鲁国。周公辅成王，平三监，作周礼有大功劳，成王封其子伯禽为鲁公。鲁周公之国可用天子礼祭天祭祖，其中当然包括以大衍秘术与天帝、祖先沟通，因此，鲁国太史应得到大衍秘术。孔子为鲁国人且为官多年，应洞悉大衍之数和大衍秘术，但出于天道远而不可知以及"敬天法祖"的严格宗教信仰，不便泄露天机。故《论语》曰："夫子之言性与天道，不可得而闻也。"[1]孔子记载大衍筮法于《易传》，虽然并未详述大衍之数的幽微之处，但是隐晦地提到了揲蓍过程中蓍草分、挂、揲、扐四营的特定内涵，又以"象四时""扐以象闰"等阐述了四营之象和古天文历法之间深刻的内在联系，并隐晦地表明可以天地之数来考证大衍筮法与五行和筮数之间的关系。

孔子论《易》曰：

> 《易》，我后其祝卜矣，我观其德义耳。幽赞而达乎数，明数而达乎德，有仁守者而义行之耳。赞而不达于数，则其为之巫；数而不达于德，则其为之史。史巫之筮，向之而未也，好之而非也。[2]

---

① 李学勤主编：《论语注疏》，北京大学出版社，1999，第61页。
② 廖名春：《帛书〈周易〉论集》，上海古籍出版社，2008，第99页。

可见，孔子对于《易》的演化和传承有很深的了解和研究。按孔子的认识，幽赞之《易》为巫觋易，数术之《易》为史官易。孔子"老而好《易》"之"易"，应指史官易。儒家易虽然沿用史官易的大衍筮法和卦爻辞，且将《周易》作为天人沟通的手段，但同时将《周易》视为治国安邦和修身养性的智慧和思想源泉。自汉武帝独尊儒术之后，儒家易的影响和社会地位逐渐超过了史官易，而以象数易为代表的史官易则渐趋式微。

《乾凿度》作为《易纬》的代表作，其起源一直存在争议。朱伯崑先生认为，"纬起哀平"；方术之士把图箓一类的书籍附加阴阳灾异说加以推演，并假托孔子所作，是为《易纬》，在《汉书·艺文志》中并未著录。[①] 但是现代学者对此提出了不同的看法，如李学勤先生认为：

> 《乾凿度》卷上可能有相当早的来源。
>
> 马王堆帛书和其他佚籍的发现，使我们看到许多阴阳数术一类学说实在先秦已经具备，汉代的学风在一定意义上是先秦的继续。孟喜的易学，一部分应来自《乾凿度》卷上或类似著作。因此，《乾凿度》卷上的种种因素体现于孟氏学说，而后者更为丰富一些。京房的易学，又在孟喜的基础上有很大发展，这些发展应该出于焦赣，他在孟氏学说之外别有所得。[②]

[①] 朱伯崑：《易学哲学史》第一卷，华夏出版社，1995，第 160—161 页。
[②] 李学勤：《〈易纬·乾凿度〉的几点研究——兼论帛书〈周易〉与汉易的关系》，载葛兆光主编：《清华汉学研究（第一辑）》，清华大学出版社，1994，第 22—26 页。

　　笔者以为，《乾凿度》卷上中的一系列易学思想以及李学勤先生没有提及的《乾凿度》卷下，都非常值得深入研究。例如，以"五音""六律"论述和诠释大衍之数、以九宫八卦演绎大衍之数、八卦用事十二月、"太一行九宫"等。《乾凿度》阐述的一系列易学思想中，有的可以溯源到文王演周易时代的原创思想，有的是孔子的观点，还有的是不见于其他先秦传世文献的、涉及大衍秘术、西周历法以及占星术等的深奥思想。这些思想，非深谙天道和精通《周易》奥秘的史官易嫡系传人，难以得其精要。李守力先生提出，《乾凿度》是纬书之祖，其内容有周公《易象》之遗存，孔子《易传》之附文，孟喜、京房易学之来源。[①] 可知，《乾凿度》曾经直接或间接地受到孔子易学思想的影响，掌握了部分大衍秘术。

　　《乾凿度》对于大衍之数的诠释，以及《史记》以八方风演绎大衍之数的思想，就其实质而言，都是以文王八卦为基础来构建和演绎大衍之数的宇宙框架模式（又称"八卦模式"）的。这一宇宙框架模式来源于史官易时代的易学思想，形成于西周。郑玄"日辰及列宿皆系八卦"的思想源于《乾凿度》，实质上是八经卦的"纳甲"。而京氏纳甲的目的在于构建六十四卦和三百八十四爻的宇宙架构模式，即别卦体系的宇宙架构模式（又称"别卦模式"），实质上是六十四卦的"纳甲"。从认识论的角度来看，别卦模式是在八卦模式的基础上发展而来的。换句话说，《京氏易传》的六十四卦纳甲学说是在《乾凿度》的八经卦纳甲学说的基础上演化而来的。无论《乾凿度》何时成书，其所阐述的易学基本思想都应当远早于汉代的象数易学。因此，从学术思想演化的层面来分析，《乾凿度》有可能是先秦史官易发展到汉

---

　　① 李守力：《论〈周易乾凿度〉太易、太初、太始、太素的数理》，http://blog.sina.com.cn/lishouli，2014 年 6 月 12 日。

代象数易过程中的重要环节之一，而《乾凿度》应是正确诠释大衍之数的最早传世之献，其成书时间应远远早于《京房易》。

按《史记·太史公自序》，司马迁之父司马谈"学天官于唐都，受易于杨何"；又按《汉书·律历志上》，汉武帝造《太初历》时招募民间治历者，唐都因精于星象而以方士身份参与测定二十八宿距度。由此可以推测，司马迁得到大衍秘术的途径可能有三：一是"世典周史"的家学渊源。《太史公自序》曰："周宣王时，失其守而为司马氏。司马氏世典周史。惠、襄之间，司马氏去周适晋。"可知春秋五霸时期，司马氏家族的太史传承世系已经中断。[①]二是来自西汉天文学家唐都所传。三是来自孔子传易世系的第八代传人杨何。笔者认为，第三种可能性最大。

关于"隐士"学派，《汉书·儒林传》曰：

> 京房受易梁人焦延寿。延寿云尝从孟喜问易。会喜死，房以为延寿易即孟氏学，翟牧、白生不肯，皆曰非也。至成帝时，刘向校书，考易说，以为诸易家说皆祖田何、杨叔元、丁将军，大谊略同，唯京氏为异党，焦延寿独得隐士之说，托之孟氏，不相与同。[②]

焦赣师承的"隐士"学派与《乾凿度》学派之间有无传承关系，已经不得而知，但隐士学派确实在大衍之数的基础上创建出别卦模式，用于占卜阴阳灾异，由此成为京氏易的一部分。后汉郑玄、宋朱震、清惠栋等的象数易学思想或直接来自这一传承世系，或者与这一传承

---

① [汉] 司马迁撰，郭逸等标点：《史记》，上海古籍出版社，1997，第 2476 页。
② [汉] 班固撰，[唐] 颜师古注：《汉书》，中华书局，2005，第 2671 页。

世系有关。

值得注意的是，京房博学多才，除精通易学之外，在天文历法、占星、乐律等方面都有相当高的造诣。陈美东先生指出：

> 在孟喜十二月卦的基础上，京氏以卦爻配期之日，《坎》《离》《震》《兑》，其用事自分、至之首，皆得八十分日之七十三。《颐》《晋》《井》《大畜》，皆五日十四分，余皆六日七分，止于占灾眚与吉凶善败之事。……《乾象历》以下，皆因京氏。这里，京房实际上给出了将一年365.25日和二十四节气分配于六十四卦的方法：《坎》《离》《震》《兑》四卦分别起于冬至、春分、夏至和秋分，止于其后的73/80日，另有《颐》《晋》《井》《大畜》四卦均为5又14/80日，其余五十六卦皆为6又7/80日。由是，六十四卦在一年中均有特定时日与之对应。这一方法最先由东汉末年刘洪引进其《乾象历》中，后世大多数历法均沿用不弃，成为历法的一个组成部分。[①]

由引文可知，历代执掌历法的太史与京氏易均有颇深的历史渊源。京房及京氏易对于古天文学和《周易》来说，都是非常值得研究的。

京房精于音律。古代以律为历法之本，依律作历。京房以十二律为本，推演六十律。西汉中期，乐律之学失传已久，惟京房能窥其堂奥，故《后汉书·律历志》引蔡邕之言曰，刘歆言乐律过于简单，唯京房"知五声之音，六律之数"。[②]

---

① 陈美东：《中国科学技术史·天文学卷》，科学出版社，2003，第154页。
② 卢央：《京氏易传解读》，九州出版社，2004，第305—341页。

此外，京房还精于占星。大唐《开元占经》和《汉书·五行志》记载的京房日占共有二○一条，其中关于日食的有一百四十三条，关于日旁云气观测的有三十六条，关于太阳黑子等日面观测的有二十二条。[①] 可见，京房广泛涉猎天文、乐律、历法、星占和易学，可谓集史官易之大成，对史官易的传承和发展做出了重要贡献。从理论体系来看，京氏易学不仅继承孔子传易世系的重要思想，还吸收了史官易在历法、占星、乐律等方面的理论创见，故其对大衍之数的诠释是符合大衍筮法之原创思想的。由此推断，京氏易学是对史官易学派和孔子传易世系的融合与发展。

京氏易学派精通天文历法，郑玄是该学派的重要代表人物。郑玄是东汉著名经学家，有"儒宗"之称。据《后汉书·郑玄传》载，郑玄曾入太学攻《京氏易》《公羊春秋》《三统历》《九章算术》，又学《周官》《礼记》《左氏春秋》《韩诗》《古文尚书》，以熔铸今古文经学两派著称，是汉代经学之集大成者。他还曾师从东汉著名天文学家刘洪，曾为《乾象历》《乾凿度》等作注，又著《天文七政论》等。在易学领域，他独创以"爻辰说"解释《周易》经传，自成一家，人称"郑氏易"。除郑玄外，见于史载的京氏易传人还有西汉谷永，东汉崔瑗、郎宗、郎颛等。他们在天文历法领域，都有很深的造诣。[②]

需要明确的是，司马迁以"六律为万事根本焉"，以律论气，而有八方风演绎大衍之数。《乾凿度》曰："五音、六律、七变由此作焉，故大衍之数五十，所以成变化而行鬼神也。曰十干者，五音也。辰十二者，六律也。星二十八者，七宿也。"则是以五音六律论大衍之数，是一个值得继续探索的问题。

① 卢央：《京氏易传解读》，九州出版社，2004，第231—279页。
② 卢央：《京氏易传解读》，九州出版社，2004，第378—392页。

六、本章重要结论

I."大衍之数五十"即十日、十二辰、二十八宿,是古代观测天象和创建历法所用的天道五十要素。《周易》大衍筮法是以五十枚蓍草寓意天道五十要素,大衍筮法中的分、挂、揲、扐四营分别拟比五十要素的固有运行规律进行操作。质言之,《周易》筮法就是以揲蓍法推演天道五十要素的运动变化,使揲蓍与天道相合,从而沟通天人,询问天意,作出占断。

II.《系辞》"大衍之数"四十九字的释义如下:

大衍者,天地万物衍生变化之大法也。《周易》筮法以五十枚蓍草寓意天道五十要素,以揲蓍之法推演天道五十要素的运行变化。其"一"为太一,去之而余四十九。分而为左右二簇,寓意纬星(日、月等行星)和经星(二十八宿)。左簇一枚蓍草挂在小指与无名指之间,寓意创建历日推步基准的历元。其余蓍草寓意日、月、二十八宿运行之象,谓"历象三辰"或"历象日月星辰"。左右两簇蓍草,四枚一组揲之,寓意正定春、夏、秋、冬四时。蓍草揲算之余谓之"奇",寓意岁与年之差。积余成闰谓之"扐","扐以象闰"为第一次置闰,到五岁的闰周之末为第二次置闰,重新回到日月合朔于冬至日的历日推步的基准状态。

III.《史记·律书》中以八方风演绎十天干、十二辰(《律书》中称为"十母""十二子")、二十八宿的论述,是司马迁对大衍之数的隐晦解读。"八方风"即文王八卦。

IV.作为天人沟通核心机密的大衍之数,最初仅为周天子与天帝、祖先沟通时专用,由王室史官执掌。周公因有功于周室,其子伯禽被封于鲁，鲁国因享用天子之礼，故也得到大衍秘术的真传。孔子机缘巧合之下得到这一秘术，并记载于《周易·系辞》。因天道不可言说，只隐晦地提及四营之象与古天文历法有关。司马迁作为孔子传易世系的传人，虽然通晓大衍秘术，但为了恪守孔子的教诲，也只是点到为止。

Ⅴ.京房作为史官易的集大成者，不仅精通天文、乐律、历法、占星、易学，还融合了"隐士"学派和《乾凿度》学派的思想和学术成果，开创了京氏易学。由此推测，京房对大衍之数的诠释符合大衍筮法的原创思想。

Ⅵ.《乾凿度》学派应形成于《周易》创建的早期。其理由有三：

第一，郑玄"日辰及列宿皆系八卦"的思想源于《乾凿度》，实质上是八经卦纳甲，而京氏纳甲属于六十四卦纳甲。可见，京氏纳甲是在《乾凿度》的基础上演化而来的。

第二，在传世文献中，《乾凿度》最早提出了大衍之数的正确解释。

第三，《乾凿度》引孔子之言曰："岁三百六十日而天气周，八卦用事各四十五日，方备岁焉。"这一认识是建立在西周历法的基础之上的，应是孔子传易的重要内容。

因此，无论《乾凿度》何时成书，其所阐述的易学基本思想都应当远早于汉代的象数易学。从学术思想演化的层面来分析，《乾凿度》学派是一支形成于先秦甚至西周时期的《周易》学派。这一学派在传承过程中，可能与孔子传易世系有一定程度的融合。后世通晓大衍秘术者，有西汉焦赣、京房，东汉郑玄，宋朱震，清惠栋，等等。他们的象数易思想，或是源于《乾凿度》学派，或与这一学派有关。

第二章

古代推步历法的诞生

——西周历法

《周易》大衍筮法是模拟古《周历》创建的。《推背图》的作者、唐朝天文学家李淳风独具慧眼，洞悉了大衍之数与古《周历》之间的渊源和奥秘。他在《晋书·律历志》中指出：

　　昔者圣人拟宸极以运璿玑，揆天行而序景曜，分辰野，辨躔历，敬农时，兴物利，皆以系顺两仪，纪纲万物者也。然则观象设卦，扐闰成爻，历数之原，存乎此也。[①]

"观象设卦，扐闰成爻，历数之原，存乎此也"明确告诉我们，推步历法的基本规则记载于《周易》大衍之数之中。因此，正确诠释大衍之数，也就意味着洞悉了西周历法的奥秘。

一、大衍之数与古《周历》的历法原则

前文已述，大衍筮法是根据古《周历》的历法原则创建的。古《周历》的历法原则载于《左传·文公元年》。其文曰：

①　中华书局编辑部编：《历代天文律历等志汇编》第五册，中华书局，1976，第1579页。

先王之正时也，履端于始，举正于中，归余于终。[1]

关于"履端于始"，孔颖达疏曰：

"履端于始"，履，步也。谓推步历之初始以为术历之端
首。日月转运于天，犹如人之行步，故推历谓之步历。步历
之始以为术之端首，谓历之上元必以日月之全数为始，于前
更无余分，以此日为术之端首，故言"履端于始"也。期之
日三百六十有六日，谓从冬至至冬至必满此数，乃周天也。[2]

"履端"之"端"，即"术历之端首"，乃历法推步计算的起点，
或称历元。历元的选择和确定，对推步历法的精度影响极大。这里的
"周天"，即岁的概念，古代历法是以两个相邻的冬至之间的长度为一
岁，相当于一个太阳年。周正建子，故《周历》以冬至所在之月仲冬
为岁首，以朔日为月首，以日月合朔于冬至日为历元。所谓"以日月
之全数为始，于前更无余分"，是说推步历法对"端首"的要求是日
月合朔于冬至日。从现代天文学的视角来看，推步历法的实质就是通
过测定冬至日和朔日，来得到岁长和朔望月长度（古称"朔策"），以
岁长与朔策的最小公倍数作为一个历法周期，称为"闰周"。由于西
周尚处于以"日"作为太阳年计量单位的时代，在闰周之始，日月合
朔于冬至日，作为历日推步的起点，经过一个闰周之后，重新回到推
步起点。在创建古《周历》的殷周时代，岁长是三百六十六日，朔望
月按大月三十日、小月二十九日相间，十二月长三百五十四日，每岁

---

① 李学勤主编：《春秋左传正义》，北京大学出版社，1999，第484页。
② 李学勤主编：《春秋左传正义》，北京大学出版社，1999，第484—485页。

的日月之差为十二日，五年内设两个闰月，均为三十日。也就是说，以闰周为五岁，经过两次置闰之后，日月可以再次回到"端首"的状态，此即为"履端于始"。大衍之数的"挂一"，应理解为以日月合朔于冬至日作为"术历之端首"，而"五岁再闰"之"五岁"即为闰周。

关于"举正于中"，杜预注曰：

> 注：期之日三百六十有六日，日月之行又有迟速，而必分为十二月，举中气以正。
>
> 正义：凡为历者，闰前之月中气在晦，闰后之月中气在朔。但观中气所在，以为此月之正，取中气以正月。故言"举正于中"也。①

杜预所谓的"分为十二月，举中气以正"，正义所谓的"取中气以正月"，均是以十二月之中气正月，均是针对建立二十四节气以后的历法而言，但周代实行的是八节历法，二分二至即为中气。故《左传·文公元年》之"举正于中"应理解为以二分二至正定四仲之月，或曰"以四中气正定四仲之月"。这一置闰规则沿袭自《尧典》。其文曰：

> 乃命羲和，钦若昊天，历象日月星辰，敬授人时。日中星鸟，以殷仲春。日永星火，以正仲夏。宵中星虚，以殷仲秋。日短星昴，以正仲冬。

---

① 李学勤主编：《春秋左传正义》，北京大学出版社，1999，第484—485页。

《尧典》这段文字是传世文献中，关于仲春、仲夏、仲秋、仲冬四仲之月的最早记载。四仲之月分别是春分、夏至、秋分、冬至所在之月。《尧典》中的"日中""日永""宵中""日短"以及《月令》之仲夏"日长至"，仲冬"日短至"，仲春、仲秋"日夜分"等，[①] 都是验证二分二至是否位于四仲之月的。可见，建立四仲月的根本目的在于：以二分二至正定四仲之月。鸟、火、虚、昴是在四仲月的对应中气之日位于南中天的星宿，故称作"四仲中星"。由此推测，四仲之月的设置应该不迟于帝尧时代，很可能是帝喾序三辰的重要成果之一。换句话说，西周历法的置闰规则承袭自帝喾、帝尧时代，而"先王之正时"指的应该是帝喾、帝尧、文王等圣王在古文历法方面的重大贡献。

西周历法的"归余于终"原则，应该与闰周有关。每一个闰周的元年正月首日一定是日月合朔于冬至日，此后大约每隔三十个月，日月之差就可以凑够一个月，置闰一次。满一个闰周之时，日月运行之差正好又累积为下一个朔望月，在闰周之终年的十二月后安排为十三月，实现"闰后无余分"，重新回到日月合朔于冬至日的状态，开始下一个闰周。因此，"归余于终"的"归余"是累积日月运行之差，"终"是闰周之终，"归余于终"即是在闰周最后一年的年终置闰，以使下一个闰周的元年正月首日合朔于冬至日。如果把"闰周之终"理解为闰年之终，就会出现"年终置闰"的错误。

二、西周的朔日与颁朔制度

朔日是日月相合之日，确定朔日是创建推步历法的前提。由于学术界对于西周时代是否有朔日一直存在分歧，故笔者先从周人对朔日

---

① 李学勤主编：《礼记正义》，北京大学出版社，1999，第505、556、475、529页。

的认识说起。

朔日概念与阴阳合历的创建息息相关。因为太阳运行周期的岁长与十二个朔望月组成的一年之间存在一定的差距，所以通过设置闰月的方法使节气和朔望月纪时相合。这就需要确定日月运行的共同起点，或者说日月相合的日期，以便合理地安排闰月。日月相合之日称作朔日，后来成为推步历法中的月首。在朔日附近，大约有三天左右看不到月亮，所以，朔日是不能通过肉眼直接观测得到的。与朔日有关的，还有"日在"和"辰在"两个概念。所谓"日在"，是以黄赤道二十八宿体系作为星空背景表示的太阳所在的位置。所谓"辰在"，是指日月相合处在二十八宿体系中的位置。众所周知，"日在"和"辰在"都是无法直接目测的，《舜典》《大禹谟》《胤征》等篇章中却出现了这类天象的记载，这无疑表明阴阳合历产生之后，古人便创建了测定朔日、岁长等的简易方法，并且用于实际观测。

武王伐纣是殷周之际的一个重大历史事件，它开启了周朝八百余年的江山社稷。众所周知，古代帝王在做出重大决定之前，常常通过仰观天象来占知吉凶，先秦文献中记载了许多关于武王伐纣的天象记录。如《国语·周语》中的伶州鸠天象：

> 昔武王伐殷，岁在鹑火，月在天驷，日在析木之津，辰在斗柄，星在天鼋。星与日辰之位，皆在北维。[1]

"鹑火""析木""天鼋"等，均属于十二次的称谓。"天驷"（房宿）、"斗柄"则属于二十八宿之一的斗宿之柄，"北维"泛指北方水

---

[1]　徐元诰撰，王树民等点校：《国语集解（修订本）》，中华书局，2002，第123—124页。

位。其中的日在、辰在天象都与朔日有关，表明早在西周建国之前，人们便形成了对朔日等历法参数的认识。[1]

以岁在、月在、日在、辰在等天象作为重大事件的纪时模式，应出自《洪范》九畴的"五纪"：一曰岁，二曰月，三曰日，四曰星辰，五曰历数。[2] 这种古代占星用的纪时模式，多用于采取重大行动之前。古人通过占星术预测该次行动的可行性，同时用来确定行动的时机。在"天人合一"观念的影响下，古人认为天象是天意的表述，故把得到占星术验证的历史事件通过文字或口授的方式传承于后世。

在《逸周书》《帝王世纪》等文献中，也出现有不少文、武、周公时代的朔日记载：

> 维二（王）十三祀，庚子朔，九州之侯咸格于周，王在酆，昧爽，立于少庭。王告周公旦曰："呜呼，诸侯咸格，来庆辛苦役商，吾何保守，何用行？"（《酆保》）[3]

> 维王三祀，二月丙辰朔，王在鄗，召周公旦曰："朕闻曰：何修非躬，躬有四位、九德。……"（《宝典》）[4]

> 维四月朔，王告儆，召周公旦曰："呜呼，谋泄哉！今朕寤，有商惊予。欲与无□则，欲攻无庸，以王不足。戒乃不兴，忧其深矣。"（《寤儆》）[5]

> 文王受命四年周正月丙子朔，昆夷氏侵周，一日三至周

---

[1] 古人为观测日、月、五星运行，把黄赤道天区自西向东划分为十二等分，依次命名为星纪、玄枵、娵訾、降娄、大梁、实沈、鹑首、鹑火、鹑尾、寿星、大火、析木。其中，玄枵又名"天鼋"。

[2] 李学勤主编：《尚书正义》，北京大学出版社，1999，第 306 页。

[3] 黄怀信：《逸周书汇校集注》，上海古籍出版社，2007，第 193—195 页。

[4] 黄怀信：《逸周书汇校集注》，上海古籍出版社，2007，第 279—280 页。

[5] 黄怀信：《逸周书汇校集注》，上海古籍出版社，2007，第 303 页。

之东门，文王闭门修德而不与战。(《帝王世纪》)[1]

黄怀信先生由《酆保》中的"诸侯咸格，来庆辛苦役商"推断，这则史料记载的是各路诸侯在灭商之后，聚会于酆地之事，故文中的"王"当指武王，"维二十三祀"应为"维王十三祀"之误。[2]关于《酆保》《宝典》和《寤儆》的成书年代，黄怀信先生曰："以上自《酆保》至《寤儆》，或系据旧作傅会改写，或系直接撰作，其体均记事与言，其事均有具体时日，性质均类《史记》，其时代均不晚于春秋中期，故有可能均本在《书》，全系删《书》之余。"[3]此论甚是。又，以上三篇所言都涉及周公旦，故事件发生的时间应在文王、武王、成王的殷周之际或西周初年。文章内容涉及时间、地点、人物和具体事件，祖本应是当时太史所记并传于后世的甲骨、竹书等文献。由后人整理成篇，归入《逸周书》。这些记载再次表明，殷周之际或西周初年，时人对朔日已有了较为明确的认识，并用来记载当时的历史事件。到春秋时代，以朔纪日应用得非常普遍，《春秋左传》中大量的以年月日朔的体例纪时，说明周王朝有长期观测朔日的制度和传统。

据《周礼》记载，西周已经建立了颁朔制度。颁朔即周天子向天下臣民颁布历法的制度。其中，有每年十二月的朔日干支、节气的历日以及农政大事的安排等。据《周本纪》记载：

> （武王谥父）为文王，改法度，制正朔矣。追尊古公为太王，公季为王季，盖王瑞自太王兴。[4]

① [晋] 皇甫谧撰，陆吉点校：《帝王世纪》，齐鲁书社，2010，第40—41页。
② 黄怀信：《逸周书源流考辨》，西安大学出版社，1992，第98—99页。
③ 黄怀信：《逸周书源流考辨》，西安大学出版社，1992，第102页。
④ [汉] 司马迁撰，郭逸等标点：《史记·周本纪》，上海古籍出版社，1997，第81页。

这应该是周王朝以颁朔制度记载西周历史的开始。《逸周书》诸篇有关朔日的记载，均应源于此。据《周礼》记载，颁朔制度属于大史的职责。《周礼·大史》曰：

正岁年以序事，颁之于官府及都鄙，颁告朔于邦国。

注：中数曰岁，朔数曰年。中、朔大小不齐，正之以闰，若今时作历日矣。定四时，以次序授民时之事。天子颁朔于诸侯，诸侯藏之祖庙，至朔，朝于庙，告而受行之。郑司农云："颁，读为班。班，布也。以十二月朔，布告天下诸侯，故《春秋传》曰'不书日，官失之也'。"

疏："正岁年"者，谓造历正岁年以闰，则四时有次序，依历授民以事，故云以序事也。○释曰：云"中数曰岁，朔数曰年"者，一年之内有二十四气，正月立春节，启蛰中。……"正之以闰"者，月有大小，一年三百五十四日而已，自余仍有十一日，是以三十三月巳后，中气在晦，不置闰则中气入后月，故须置闰以补之，故云正之以闰。是以云若今时作历日矣。云"定四时，以次序"者，《尧典》以闰月定四时，解经中"序"，故云定四时以次序。云"授民时之事"者，亦取《尧典》"敬授民时"，解经中事。《春秋传》曰"者，文公六年冬，闰月不告朔，非礼也。闰以正时，时以作事，事以厚生，生民之道，于是乎在。不告闰朔，弃时正也，何以为民？郑司农云"以十二月朔，布告天下诸侯"者，言朔者，以十二月历及政令，若月令之书，但以受行，号之为朔。故"《春秋传》曰"者，还是桓十七年传文。《春

秋》之义，天子班历于诸侯，日食书日。不班历于诸侯，则
不书日。其不书日者，犹天子日官失之不班历。引之，证经
天子有班告朔之事。[①]

　　孔颖达对于颁朔制度进行了详细的解释。"正岁年"是指要正确
处理岁和年之间的关系。所谓"岁"，是以中气作为度量的标志，属
于太阳年的理念。所谓"年"，是以朔望月作为度量的标志，是农历
一年的理念。十二个朔望月与一岁存在差距，需要通过闰月的设置，
使岁与年相合。所谓"序事"，是根据节气安排农事和民众的日常生
活。所谓"颁之于官府及都鄙"，是指向地方官府和王畿采邑颁布历
法，由它们负责具体实施。所谓"颁告朔于邦国"，就是在一年之初，
颁布全年的节气安排和十二月的朔日干支。这就从一个侧面表明，历
法是以推算的方法制订的，而周人不但认识了朔日，还创建了推步
历法。

　　颁朔制度的实行，表明西周的国家治理是建立在历法的基础之上
的。一方面，历法是天意的标志，以历法治国表示王朝受命于天的合
法性；另一方面，历法是国家各项管理制度的基础和根据，西周的治
国典章——周礼就是根据历法制定的。著名的朔日朝会制度，是周王
朝最高级别的例行会议制度，按照颁朔规定的十二月朔日干支，王朝
的地方长官和各国诸侯来京朝拜周天子，参与祭祀，并聆听天子和王
室官员的训示。每年正月朔日举行的周王室大型朝会，最为隆重。《周
礼·太宰》关于正月朔日太宰颁布治国典章的记载是：

---

① 李学勤主编：《周礼注疏》，北京大学出版社，1999，第 694—695 页。

正月之吉，始和布治于邦国都鄙，乃县治象之法于象魏，
使万民观治象挟日而敛之。置其辅。乃施典于邦国……施则
于都鄙……施法于官府。凡治，以典待邦国之治，以则待都
鄙之治，以法待官府之治，以官成待万民之治，以礼待宾客
之治。[①]

关于"吉"，贾公彦疏曰："知吉是朔日者。《论语·乡党》云'吉
月，必朝服而朝'，是吉谓朔日。《礼记·玉藻》云'听朔在月一日'，
是知吉为朔日也。"[②]《太宰》这段话的大意是说，周历每年的正月朔
日，太宰向各国诸侯和王畿内的采邑宣布治典，把形成文字的治典悬
挂于象魏之上，让民众观看。然后在各诸侯国和王畿内的采邑施行治
典，为各州设州牧，为各诸侯国设国君。在官府施行八法，为各官府
设长官。以六典治理天下各国，以八则治理王畿，以八法治理官府，
以官成治理民众，以宾礼接待宾客。[③]

由《太宰》的描述可知，每年正月朔日的朝会内容涉及周王朝的
国家体制、组织形式和典章大法等根本事项。《礼运》所谓的"是故
夫礼，必本于天"，[④]是说周礼一定是根据历法制定的。可见，朔日和
历法是周公制礼的重要内容。

据《周本纪》记载，西周在文武成康时期达到鼎盛，到"昭王之
时，王道微缺。昭王南巡狩不返，卒于江上。穆王即位，王道衰微，
文武之道缺。共王崩，子懿王囏立。懿王之时，王室遂衰。懿王崩，
共王弟辟方立，是为孝王。孝王崩，诸侯复立懿王太子燮，是为夷王。

---

① 李学勤主编：《周礼注疏》，北京大学出版社，1999，第41—46页。
② 李学勤主编：《周礼注疏》，北京大学出版社，1999，第42页。
③ 杨天宇：《周礼译注》，上海古籍出版社，2004，第26—28页。
④ 李学勤主编：《礼记正义》，北京大学出版社，1999，第662页。

夷王崩，子厉王胡立。厉王暴虐侈傲，国人相与畔，袭厉王。厉王出奔于彘"。[1]

关于周历和周王朝盛衰之间的关系，《周本纪·历书》曰：

> 天下有道，则不失纪序；无道，则正朔不行于诸侯。幽、厉之后，周室微，陪臣执政，史不记时，君不告朔，故畴人子弟分散，或在诸夏，或在夷狄，是以其祥废而不统。[2]

《汉书·律历志上》亦曰：

> 周道既衰，幽王既丧，天子不能颁朔。[3]

《史记·历书》中的"史不记时，君不告朔，故畴人子弟分散"，是说世代执掌天文历算的"畴人"流落到各诸侯国，加之国势衰微，周王室已经难以颁布历法和维持正常的朔日朝会制度了。与周王朝的国势一样，周历也经历了由创建到衰落的过程。这一过程表明，颁朔制度始于西周初年，随着周王朝的衰亡而逐渐退出历史舞台。

三、孔子论八卦用事十二月与置闰规则

由于阴阳合历的关键在于闰月的设置，故阴阳合历创建之始就特

---

① 〔汉〕司马迁撰，郭逸等标点：《史记·周本纪》，上海古籍出版社，1997，第91—96页。

② 〔汉〕司马迁撰，郭逸等标点：《史记·历书》，上海古籍出版社，1997，第1045—1046页。

③ 〔汉〕班固撰，〔唐〕颜师古注：《汉书·律历志》，中华书局，2005，第848—849页。

别重视建立置闰规则。关于西周时代的置闰规则，可参考《周易乾凿度》所引孔子关于八卦用事十二月的言论。八卦的历法意义是太阳年的八节，十二辰是农历的十二月，两者之间的配置具有典型的阴阳合历意义。《周易乾凿度》引孔子之言曰：

> 易始于太极，太极分而为二，故生天地，天地有春秋冬夏之节，故生四时，四时各有阴阳刚柔之分，故生八卦。八卦成列，天地之道立，雷风水火山泽之象定矣。其布散用事也，震生物于东方，位在二月；巽散之于东南，位在四月；离长之于南方，位在五月；坤养之于西南方，位在六（七）月；兑收之于西方，位在八月；乾制之于西北方，位在十月；坎藏之于北方，位在十一月；艮终始之于东北方，位在十二（正）月。八卦之气终，则四正四维之分明，生长收藏之道备，阴阳之体定，神明之德通，而万物各以其类成矣。
>
> 岁三百六十日，而天气周。八卦用事各四十五日方备岁焉。故艮渐正（十二）月，巽渐三月，坤渐七（六）月，乾渐九月，而各以卦之所言为月也。乾者天也，终而为万物始，北方万物所始也，故乾位在于十月。艮者止物者也，故在四时之终，位在十二（正）月。巽者阴始顺阳者也，阳始壮于东南方，故位在四月。坤者，地之道也，形正六（七）月。四维正纪，经纬仲序，度毕矣。[①]

需要注意的是，林忠军先生的《易纬导读》关于《艮》《坤》两

---

① 林忠军：《易纬导读》，齐鲁书社，2002，第79—80页。

卦"位在×月"和"渐×月"的描述有误，笔者在引用时，予以纠正。

《周易乾凿度》中的"八卦用事"，实际上就是八节在十二月中的安排，其用事方式依赖于周历的置闰规则，因此，研究八卦用事对于认识西周历法，特别是当时的置闰规则具有重要意义。孔子在《说卦》以八节论八卦的基础上，提出八卦用事十二月。由于八卦用事中的月份是夏历，而本章探讨的是周历，为方便读者对照，现将夏历、周历、斗建、月令、八卦之间的对应关系，用表2-1表示出来。

表2-1 夏历、斗建、月令、周历对照表

夏历	正月	二月	三月	四月	五月	六月	七月	八月	九月	十月	十一月	十二月
周历	三月	四月	五月	六月	七月	八月	九月	十月	十一月	十二月	正月	二月
斗建	建寅	建卯	建辰	建巳	建午	建未	建申	建酉	建戌	建亥	建子	建丑
月令	孟春	仲春	季春	孟夏	仲夏	季夏	孟秋	仲秋	季秋	孟冬	仲冬	季冬
八卦	艮	震	（巽）	巽	离	（坤）	坤	兑	（乾）	乾	坎	（艮）

根据八卦用事的内容，将十二月附在建辰之后，便可将八卦、八方、十二月和斗建之间的关系归纳整理如下（以下的月份均采用夏历）：

《震》生物于东方，位在二月，建卯；

《巽》散之于东南方，位在四月，建巳，渐三月，建辰；

《离》长之于南方，位在五月，建午；

《坤》养之于西南方，位在七月，建申，渐六月，建未；

《兑》收之于西方，位在八月，建酉；

《乾》制之于西北方，位在十月，建亥，渐九月，建戌；

《坎》藏之于北方，位在十一月，建子；

《艮》终始之于东北方，位在正月，建寅，渐十二月，建丑。

不难发现，八卦和十二月之间的配置规律是：四正卦只用事于四仲之月，取"中气正定仲月"之意。可见，西周历法遵循的是"举正于中"的原则。即：

《震》，位在春分所在的仲春二月，建卯；

《离》，位在夏至所在的仲夏五月，建午；

《兑》，位在秋分所在的仲秋八月，建酉；

《坎》，位在冬至所在的仲冬十一月，建子。

四隅卦各用事两月，分别标注为"位在×月"和"渐×月"。"位在"之月是平年时四立本来应在的孟月。"渐"取"渐进"之义，为孟月的上一个季月。太阳年和农历之差以及闰月设置，使得四立节气在该季的孟月和上一个季月之间反复移动。即：

《艮》，位在立春所在的孟春正月，建寅，渐季冬十二月，建丑；

《巽》，位在立夏所在的孟夏四月，建巳，渐季春三月，建辰；

《坤》，位在立秋所在的孟秋七月，建申，渐季夏六月，建未；

　　《乾》，位在立冬所在的孟冬十月，建亥，渐季秋九月，
建戌。

　　不难看出，二分二至所在月和四立节气的位在之月与《月令》的
记载完全相同，这就说明《月令》和"八卦用事十二月"同源，都出
于西周历法。上述配置关系结合九宫八卦图来看，四正卦《坎》《离》
《震》《兑》位于四方正位，并分别与十二辰中的子、午、卯、酉相匹，
四隅卦位于四隅之位，各卦与对应的位在之月和渐之月的两个月相匹，
即《艮》配丑、寅，《巽》配辰、巳，《坤》配未、申，《乾》配戌、
亥。如此，则形成十二月和十二辰环绕九宫八卦的顺时针排列。（见
图 2-1）

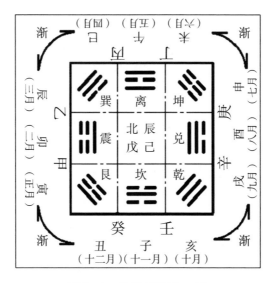

图 2-1　八卦用事十二月

"八卦用事十二月"既反映了西周历法中的八节在各月中的具体安排，又反映了置闰规则——以四中气正定四仲之月，不在则闰。这是西周历法"举正于中"原则的具体体现。下面，以夏至为例说明之。

古周历的夏至为仲夏五月的中气。按八节的平气推算，立夏应在夏至之前的四十六日，当夏至点在仲夏五月初一时，立夏点在季春三月十四日左右。（由于大小月和连大月，日期可能相差一至两日。）由于月行速度快于日行，导致夏至点逐渐向前移动，当夏至点移动到仲夏五月晦日时，立夏点相应地移动到孟夏四月十三日左右。此时只有以孟夏四月为闰月（若按周历，则为闰六月），才能使夏至点重新返回到仲夏五月初一，立夏点则返回到季春三月十四日左右，由此导致立夏点在季春三月和孟夏四月之间反复移动。这就是《春秋左传正义》"凡为历者，闰前之月中气在晦，闰后之月中气在朔"[1]的道理所在。

同样，立春、立秋、立冬的节气点都在孟月和上一个季月之间反复移动。由此可见，八卦用事十二月是根据"四中气正定四仲之月"的置闰规则来安排的，四正卦对应四中气，用事四仲月，四隅卦分别用事于相应的孟、季之月。孔子以西周历法原则来阐释八卦要义，反映出《周易》与历法之间的渊源与联系。文王改正朔创建古周历时所采用的置闰规则，沿袭自《尧典》所谓的"四中气正定四仲之月"。

《周易乾凿度》曰："八卦之气终，则四正四维之分明，生长收藏之道备，阴阳之体定，神明之德通，而万物各以其类成矣。……岁三百六十日，而天气周。八卦用事各四十五日方备岁焉。"由此可见，八卦就是太阳历的八节历法。

按大衍之数的历法表述，古周历以五岁为闰周（又称"一章"），

---

① 李学勤主编：《春秋左传正义》，北京大学出版社，1999，第484—485页。

其间有两次闰月，第一次是大衍之数所谓的"归奇于扐以象闰"，遵循的是古周历的"举正于中"原则。在古周历一章的第三十个月时，中气夏至从仲夏初一移动至晦日，日月运行之差累计为一个月，此时应以孟夏为闰月第一次置闰，以保证夏至位于仲夏之月。第二次的"五岁再闰，故再扐而后挂"是在五岁之末，日月之差再次累计为一个月，此时恰好在一章的最后一个月置闰，以保证下一章的首日重新回到日月合朔于冬至日的推步基准状态。这就是古周历的"归余于终"原则。这里的"终"，不是一岁之终，而是一章之终。而某些古天文学家所提出的西周历法一般采用年终置闰，是对西周历法原则的误解。由此可见，大衍之数表述的历法推演过程，与古周历的历法原则是一致的。

还需说明的是，按古周历的置闰规则，在每章的第三年为闰年，闰孟夏之月，古周历一章五岁共六十二个月，第三十个月为孟夏，第三十一个月为闰月孟夏，即古周历的六月和闰六月，合称"长夏"，恰好位于一章之"中"。按照五行思维，以之为中央戊己土，长夏。《黄帝内经·素问》第九篇"六节藏象论"部分提及"长夏"之说，王冰注云："长夏者，六月也。土生于火，长在夏中，既长而旺，故云长夏。"

四、推步古周历

根据前文关于古周历历法原则以及西周朔日、颁朔制度和置闰规则的阐述，可以将古周历还原如下：

古周历以冬至所在之月为岁首，以朔日为月首，以日月合朔于冬至日为历元；以四中气正定四仲之月为置闰规则；闰周为五岁，在五岁的第二次置闰之后，重新回到日月合朔于冬至日的推步基准状态，完成一个闰周。

下面，阐述的是推步古周历的具体历法参数。

Ⅰ. 历法基本参数

岁长：366 日

蔀岁（同章岁）：5 年

蔀月（同章月）：62 月

蔀日：1830 日

朔策：29 又 16/31 日 = 29.516129 日

气长：45.75 日

Ⅱ. 历元

按《后汉书·律历下》"黄帝造历，元起辛卯……周用丁巳"[①] 来推算，应在公元前 1084 年。

Ⅲ. 推朔日

朔望月按照大月三十日、小月二十九日，一个大月、一个小月相间排列。每年的正、三、五、七、九、十一月为大月，二、四、六、八、十、十二为小月。闰月为大月三十日。为了调整岁长，在实际执行过程中，有时会把闰月改为小月。

朔日位置按太阳年一年三百六十六日的自然数序列标注如下：

蔀首年朔日位置：

仲冬正月（大）：1

---

① [南朝宋] 范晔撰，[唐] 李贤等注：《后汉书》，中华书局，2005，第 2088 页。

季冬二月（小）：31

孟春三月（大）：60

仲春四月（小）：90

季春五月（大）：119

孟夏六月（小）：149

仲夏七月（大）：178

季夏八月（小）：208

孟秋九月（大）：237

仲秋十月（小）：267

季秋十一月（大）：296

孟冬十二月（小）：326

第二年朔日位置：

仲冬正月（大）：355

季冬二月（小）：19

孟春三月（大）：48

仲春四月（小）：78

季春五月（大）：107

孟夏六月（小）：137

仲夏七月（大）：166

季夏八月（小）：196

孟秋九月（大）：225

仲秋十月（小）：255

季秋十一月（大）：284

孟冬十二月（小）：314

第三年朔日位置：

仲冬正月（大）：343

季冬二月（小）：7

孟春三月（大）：36

仲春四月（小）：66

季春五月（大）：95

孟夏六月（小）：125

闰六月（大）：154

仲夏七月（大）：184

季夏八月（小）：213

孟秋九月（大）：243

仲秋十月（小）：273

季秋十一月（大）：302

孟冬十二月（小）：332

第四年朔日位置：

仲冬正月（大）：361

季冬二月（小）：25

孟春三月（大）：54

仲春四月（小）：84

季春五月（大）：113

孟夏六月（小）：143

仲夏七月（大）：172

季夏八月（小）：202

孟秋九月（大）：231

仲秋十月（小）：261

季秋十一月（大）：290

孟冬十二月（小）：320

第五年朔日位置：

仲冬正月（大）：349

季冬二月（小）：13

孟春三月（大）：42

仲春四月（小）：72

季春五月（大）：101

孟夏六月（小）：131

仲夏七月（大）：160

季夏八月（小）：190

孟秋九月（大）：219

仲秋十月（小）：249

季秋十一月（大）：278

孟冬十二月（小）：308

十三月（大）：337

下一蔀首：仲冬正月朔日：1

Ⅳ . 推节气

节气位置按太阳年一年三百六十六日的自然数序列标注如下：

蔀首年节气位置：

冬至：1，仲冬正月初一

立春：46，季冬二月十六

春分：92，仲春四月初三

立夏：138，季春五月二十

夏至：184，仲夏七月初七

立秋：229，季夏八月廿二

秋分：275，仲秋十月初九

立冬：321，季秋十一月廿六

第二年节气位置：

冬至：1，仲冬正月十三

立春：46，季冬二月廿八

春分：92，仲春四月十五

立夏：138，孟夏六月初二

夏至：184，仲夏七月十九

立秋：229，孟秋九月初五

秋分：275，仲秋十月廿一

立冬：321，孟冬十二月初八

第三年节气位置：

冬至：1，仲冬正月廿五

立春：46，孟春三月十一

春分：92，仲春四月二十七

立夏：138，孟夏六月十四

夏至：184，仲夏七月初一

立秋：229，季夏八月十七

秋分：275，仲秋十月初三

立冬：321，季秋十一月二十

第四年节气位置：

冬至：1，仲冬正月初七

立春：46，季冬二月二十二

春分：92，仲春四月初九

立夏：138，季春五月二十六

夏至：184，仲夏七月十三

立秋：229，季夏八月二十八

秋分：275，仲秋十月十五

立冬：321，孟冬十二月初二

第五年节气位置：

冬至：1，仲冬正月十九

立春：46，孟春三月初五

春分：92，仲春四月二十一

立夏：138，孟夏六月初八

夏至：184，仲夏七月二十五

立秋：229，孟秋九月十一

秋分：275，仲秋十月二十七

立冬：321，孟冬十二月十四

五、本章重要结论

Ⅰ. 以"大衍之数"四十九字表述的古周历，遵循的是文王创建的"履端于始，举正于中，归余于终"古周历历法原则。

Ⅱ. 根据古周历历法原则和大衍之数的记载所还原的古周历是：

古周历以冬至所在之月为岁首，以朔日为月首，以日月合朔于冬至日为历元；以四中气正定四仲之月为置闰规则；闰周为五岁，在五岁的第二次置闰之后，重新回到日月合朔于冬至日的推步基准状态，完成一个闰周。

历元：公元前 1084 年，每章第三年闰孟夏，第五年闰十三月。

第三章

文王演《周易》

《周易》筮法涉及数；数用于筮法，又称筮数。从本书第一章对天地之数的分析来看，数源于五行，故早期的筮数应该是五个。《易传》中记载了两种筮法：一是《说卦》"圣人作《易》"一章中所言之"参天两地"筮法，采用五个筮数；二是《系辞》的大衍筮法，采用七、八、九、六四个筮数。所谓"文王演《周易》"，就是在五筮数的基础上，创建《周易》大衍筮法和卦爻辞的过程。

一、从筮数易卦到大衍筮法

在目前已出土的商周时代文物中，发现了大量的数字卦，表明在文王演《周易》之前，数字卦已经有了广泛应用，《周易》的大衍筮法就是由数字卦演化而来的。《易传》中有两处关于筮法的记载：其一是《系辞》"大衍筮法"一章，其二是《说卦》"圣人作《易》"一章。其文曰：

> 昔者圣人之作《易》也，幽赞于神明而生蓍，参天两地而倚数，观变于阴阳而立卦，发挥于刚柔而生爻。
>
> 正义：赞者，佐而助成……释圣人所以深明神明之道，

便能生用著之意，以神道与用著相协之故也。①

《说卦》所谓的"昔者"，具体是指《周易》以前的筮法；"圣人"则是泛指六十四卦的创作者，乃至八经卦筮法的创作者。《帝王世纪》曰：

> 庖牺作八卦，神农重之为六十四卦，黄帝、尧、舜引而伸之，分为二《易》，至夏人因炎帝曰《连山》，殷人因黄帝曰《归藏》，文王广六十四卦，著九六之爻，谓之《周易》。②

这段话概述了易卦的演化过程。伏羲时代用八经卦，神农时代开始用六十四卦，黄帝、尧、舜时代沿用之，分为两篇，夏代创建《连山》，殷商时期创建《归藏》。至于八经卦出现于何时，重卦出现于何时，二者为何人所创，《帝王世纪》中没有明说，《说卦》则曰"幽赞于神明而生著"，即圣人在神明的佐助下创建了占筮的方法。

关于"赞"，《说文》曰："赞，见也。"段玉裁注：《士冠礼》'赞冠'者，《士昏礼》'赞'者，注皆曰：'赞，佐也。'《周礼·太宰》注曰：'赞，佐也。'"③《左传》《国语》中的"赞"，也多为"天助"或"神明佐助"之义。如：

> 叔齐以告公，且曰："秦公子必归。臣闻君子能知其过，必有令图。令图，天所赞也。国无道而年谷和熟，天赞之也。"（《左传·昭公元年》）④

① 李学勤主编：《周易正义》，北京大学出版社，1999，第323—325页。
② [晋]皇甫谧撰，陆吉点校：《帝王世纪》，齐鲁书社，2010，第3页。
③ [汉]许慎撰，[清]段玉裁注：《说文解字注》，上海古籍出版社，1981，第280页。
④ 李学勤主编：《春秋左传正义》，北京大学出版社，1999，第1155—1156页。

季氏甚得其民，淮夷与之，有十年之备，有齐、楚之援，有天之赞，有民之助，有坚守之心，有列国之权，而弗敢宣也。(《左传·昭公二十七年》)[1]

德义不行，礼义不则，弃人失谋，天亦不赞。(《国语·晋语一》)[2]

所谓"参天两地而倚数"，是指依据"参天两地"的原则创建和推演筮数。关于"参天两地"，韩康伯注曰：

参，奇也。两，耦也。七、九阳数，六、八阴数。

正义：生数在"生蓍"之后，"立卦"之前，明用蓍得数而布以为卦，故以七、八、九、六当之。七、九为奇，天数也；六、八为耦，地数也，故取奇于天，取耦于地，而立七、八、九、六之数也。何以参两为目奇耦者？盖古之奇耦，亦以三两言之。且以两是耦数之始，三是奇数之初故也。[3]

所谓"两是耦数之始，三是奇数之初"，人为地把"一"排除在奇数之外，似有削足适履之嫌。究其原因在于，韩康伯误把《说卦》中的筮法理解成四个筮数。余以为，既然《说卦》中的"昔者"指《周易》之前的时代，"立卦""生爻"指筮法，那么，《说卦》中的筮法应是指大衍筮法以前的筮法。"参天两地"应是指以三个奇数为天数，两个偶数为地数，得三奇两偶的五个筮数。可见，《说卦》所言

---

[1]　李学勤主编：《春秋左传正义》，北京大学出版社，1999，第1486页。
[2]　上海师范大学古籍整理组校点：《国语》，上海古籍出版社，1978，第258页。
[3]　李学勤主编：《周易正义》，北京大学出版社，1999，第324页。

之筮法适用于《周易》以前的五筮数卦。换言之，文王《周易》筮法的最大创见就是将五筮数的筮法转变为四筮数的筮法。正如《帝王世纪》所言：

> 文王居于牖里，演六十四卦，著七八九六之爻，谓之《周易》。①

四筮数就是以七、八、九、六为筮数。

陈仁仁先生在综合研究《周易》《归藏》的多种传本后指出：

> 秦简及传本《归藏》皆仅有卦辞而无爻辞，仅有本卦而无之卦，也足以证明《连山》《归藏》以七八不变为占，而《周易》以九六变者为占的说法是确凿有据的。如郑玄注《易纬乾凿度》云："《连山》《归藏》占象，本其质性也。《周易》占变者，效其流动也。"②

由陈仁仁先生的阐述可知，《连山》《归藏》只有本卦，而无之卦，而《周易》不但可占本卦，还可占六爻。这样一来，六十四卦的每一卦都增加了六种变化，故可通过六爻变化来观测万事万物的演化。这就使得《周易》不但具有万事万物的内涵，还成为古人预测未来、做出决策的重要手段。

---

① [晋] 皇甫谧撰，陆吉点校：《帝王世纪·帝王世纪续补》，齐鲁书社，2010，第77页。

② 陈仁仁：《战国楚竹书〈周易〉研究》，载陈伟主编：《楚地出土战国简册研究》，武汉大学出版社，2010，第10—11页。

二、筮数与筮数易卦

"数"是依据五行思想将自然现象数字化，由此建立的筮数和五行之间的关系，不但对于《周易》，而且对于筮数易卦（也称数字卦）都具有重要的指导意义。

由历代考古发现的殷周时期遗物可知，殷周之际已经出现了"数字卦"。宋重和元年（1118），湖北孝感出土的周昭王时期南吕中鼎上出现两个数字卦，宋代学者视其为"奇字"。20 世纪 50 年代以来，先后在安阳四盘磨卜骨、长安张家坡丰镐遗址卜骨、岐山凤雏和扶风齐家村出土的周原甲骨上发现了不少"数字卦"。1978 年 12 月，第一届中国古文字学术讨论会在吉林长春召开，张政烺先生在会上做了题为"古代筮法与文王演周易"的报告，将这些"奇字"按照奇阳偶阴的原则转化为卦符，并用"易卦"称之，首次揭开了八百多年来的"奇字"之谜。此后，学界普遍将殷周器物上出现的三个或六个数字组成的特殊符号统称为"筮数易卦"。

张政烺先生将从各类材料中搜集到的一百六十八个数字卦中的数字归结为一、五、七、六、八五个数字，其中的一、五、七为奇数，六、八为偶数。这些"数字是怎么得出来的？这是一个很有趣味的问题，但是不容易弄明白"。[①] 1981 年，张亚初先生、刘雨先生在《从商周八卦数字符号谈筮法的几个问题》一文中指出：

据目前已发表的材料看，主要由五个数字组成，即一、五、六、七、八。从上述三十六条材料看，这五个数字与上

---

① 张政烺：《试释周初青铜器铭文中的易卦》，《考古学报》1980 年第 4 期，第 405—406 页。

面讲的作为成卦依据的四营之数六、七、八、九有所不同。前者没有九，多出一和五。但也有相同之处，如都有六、七、八。值得注意的是，前者虽然奇数有三个，即一、五、七，但在每一个卦中，最多只同时出现其中的两个数。也就是说，严格地遵循着两奇两偶（也就是后世所说的两阴两阳）的规律。①

李零先生在《奇字之谜》一文中，对 1993 年之前发现的绝大部分数字卦的考古材料进行了整理与分析。李零先生的结论是：

> 中国早期的易筮，从商代、西周直至春秋战国，都是以一、五、六、七、八、九陆个数字来表示，由于二、三、四是故意省掉的，十是下一进位的一，所以可以认为它们代表的乃是十进制的数位组合。②

吴勇先生在《出土文献中的易卦符号再认识》一文中提出，所谓"数字卦"的数字其实是占筮用的四象符号。各种出土材料中虽然累计发现了被认为是从一到十的数字符号，但在同一处出土的均不超过四种最多五种。包山楚简、新蔡葛陵楚简所用到的符号均不超过四种。这就说明李零先生的"十进位数制"是不能成立的，应把这些数字视为筮数的数字符号。吴勇先生进一步将已发表的材料归纳为七种情况：③

---

① 张亚初、刘雨：《从商周八卦数字符号谈筮法的几个问题》，《考古》1981 年第 2 期，第 161 页。

② 李零：《中国方术考（修订本）》，东方出版社，2001，第 258 页。

③ 吴勇：《出土文献中的易卦符号再认识》，《周易研究》2010 年第 2 期。

1. 五、六、七、八；

2. 一、五、六、七、八；

3. 一、六、七、八；

4. 一、六、七、八、九；

5. 一、五、六、八；

6. 一、五、六、八、九；

7. 一、六、八；

8. 一、七、八、九。

由于第七种的奇数只有"一"，还缺少一个奇数，而第八种仅有一例，都缺乏研究价值。因此，下面就第一种到第六种卦例略作探讨。

由于卜筮是作为部落联盟首领的王与天帝沟通的专用手段，为了保证王代天行命的权威，王室专用的筮法仅限于个别人掌握，绝不会颁布或推广到各个诸侯国。因此，并不存在普遍适用于所有数字卦的筮法。随着王室的衰微，一些有野心的邦国诸侯或流落民间的巫觋，常常仿制或自创某种筮法，导致后世出土的筮数易卦中存在一些非主流的筮法。

笔者将前述六类数字卦归纳为五筮数卦和四筮数卦两大类。第一种为四筮数卦，筮数中没有"一"。第二种至第六种为五筮数卦，共性是都有"一"，其中第三种和第五种估计是概率的原因，还有一个筮数未出现。除"一"以外的四个筮数都是两奇两偶，两偶都是"六"和"八"，两奇则取"五""七""九"中的两个。即：

2. 一、五、六、七、八；

4. 一、六、七、八、九；

6. 一、五、六、八、九。

五筮数既合于五行，也合于《说卦》所言之"参天两地"，三个奇数筮数为"参天",两个偶数筮数为"两地"。既然筮数源自五行,那么,初创时代的卜卦用的筮数就应该是五个。这应该是大衍筮法创建之前的《说卦》记载的筮法。

四筮数卦仅限于第一种。代表性的卦例是周原遗址岐山凤雏甲组建筑基址内的 H11 内出土的七件卜甲上的七卦、扶风齐家村 H90 卜骨上的三卦。[①] 与大衍筮法相比,四筮数卦有筮数"五",而没有筮数"九";与五筮数卦相比,四筮数卦没有筮数"一"。若就五筮数卦中"一"出现的概率较高来看,四筮数卦绝不是由概率导致的五筮数卦的"蜕化"。至于四筮数卦的"五""六""七""八"与《周易》的"七""八""九""六"之间有何关系,尚有待探索。

三、以《说卦》解读"筮数易卦"

在研究《说卦》筮法之前,必须要厘清"参天两地"的内涵。"参天两地"说建立在五星运行规律的基础之上。此处的"五星"应释为五纬,即水(辰星)、金(太白)、火(荧惑)、木(岁星)、土(镇星)五大行星。古人以五纬的运行规律来解读五行,如《后汉书·天文上》刘昭引张衡《灵宪》《浑仪》注曰:

> 文曜丽乎天,其动者七,日、月、五星是也。周旋右回。天道者,贵顺也。近天则迟,远天则速,行则屈,屈则留回,留回则逆,逆则迟,迫于天也。行迟者觌于东,觌于东属阳,行速者觌于西,觌于西属阴,日与月此配合也。摄提、荧惑、地候见晨,附于日也。太白、辰星见昏,附于月也。二阴三

---

① 赖祖龙:《筮数易卦源流研究》,硕士学位论文,山东大学中国哲学专业,2008。

阳，"参天两地"，故男女取焉。①

这是东汉张衡用"浑天"说对五星运行规律的阐释。按"浑天"说，大地为宇宙中心，由内向外依次是月、水、金、日、火、木、土、恒星天。（见图3-1）

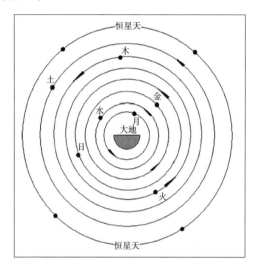

图3-1 "浑天"说宇宙结构图

这里所说的"天"，是指"恒星天"，为二十八宿等恒星所在。所谓"近天"者，即距离恒星天近，距离大地远。因此，"近天则迟，远天则速"应理解为距离恒星天越近，运行速度越慢，反之越快。

从太阳系的结构来看，行星距离太阳越远，其运行速度越慢。反之越快。"觌"同"见"，是古天文学的专用术语。所谓"行迟者觌于东，觌于东属阳"，即运行速度较慢者，可以在凌晨之前的东方地平线上见到，属于阳。这里的"摄提""荧惑""地候"分别是木星、火

---

① ［南朝宋］范晔撰，［唐］李贤等注：《后汉书》，中华书局，2005，第2186页。

星和土星。在太阳系的五大行星之中，它们的运行轨道在地球之外，称为外行星，其公转速度慢于地球，所以只能在凌晨之前的东方地平线上见到，黄昏后不会见到。古人认为，这一特性与太阳的运行规律相仿，故将其附属于太阳，称为类日行星。这里的"太白""辰星"分别指金星和水星，其运行轨道在地球和太阳之间，称为内行星，公转速度快于地球，不但可以在凌晨之前的东方地平线上见到，在黄昏后的夜空中也可以见到。这一特性与月亮的运行规律相似，故将其附属于月亮，称为类月行星。类日为天，为阳；类月为地，为阴，是三阳两阴，故有"参天两地"之说，即以火、木、土的筮数为"三天"，以金、水的筮数为"两地"。说明《说卦》的筮法本来就是五个筮数。《月令》中的"数"是五个：以木配春，为八；火配夏，为七；金配秋，为九；水配冬，为六。另有中央土之数，为五。说明《月令》的五筮数源于五行。

关于《说卦》筮法中的"倚数"，按孔疏，"倚"者，立也，故"倚数"应指建立数的概念。所谓的"数"，既然是圣人作易的根据，必然是筮数，故"参天两地而倚数"应指根据五大行星"参天两地"的运行特征，建立三奇两偶的五个筮数。

综上所述，《说卦》第一章可以诠释为：

过去，圣人布卦可以得天之助，依据金木水火土五大行星"参天两地"的运行规律，建立三奇两偶的五个筮数，奇数为阳，为刚；偶数为阴，为柔。据此立卦成爻。

这就是《说卦》记载的筮法，姑且称为"参天两地"筮法。其中的五个筮数既寓意天上的五星，又寓意地上的五行，从而使筮法与天地相合。如此一来，前文阐述的五筮数卦，都可以归入"参天两地"筮法。

那么，在数字卦时代，古人是否已经认识到五星的运行规律，并据此提出"参天两地"的筮法呢？

我们注意到，在《国语》中记载的武王伐纣时代的伶州鸠天象中，"岁在鹑火"指岁星（木星）在鹑火之次，"星在天鼋"指辰星（水星）在玄枵之次。《今本竹书纪年》有"帝癸十年，五星错行""帝辛三十二年，五星聚于房"的记载。[①] 班大为先生在《天命和五行交替理论中的占星学起源》一文中提出，在过去五千年中发生过三次最紧密的星聚现象，分别是公元前 1953 年的夏代王权，公元前 1576 年的商代王权，公元前 1059 年的周代王权，这是上帝对一个新王权的合法性的认可。[②]

综上所述，至迟在夏商周三代之时，古人出于占星术的需要，已经开始了对五星的观测和研究。

四、文王演《周易》

文王在数字卦五筮数的基础之上，创建《周易》的大衍筮法。按照天地之数的意义，取"天一生水，地二生火，天三生木，地四生金，天五生土，地六成水，天七成火，地八成木，天九成金，地十成土"，以成数为筮数，则以奇数七、九为天数，为阳；以偶数八、六为地数，为阴。由此得到筮数七、八、九、六，寓意五行的水、火、木、金。少阳为七，少阴为八，合为十五；老阳为九，老阴为六，亦合为十五，均取河图之数。

---

① 张洁、戴和冰点校：《古本竹书纪年》，齐鲁书社，2010，第 60、77 页。

② 班大为：《天命和五行交替理论中的占星学起源》，载［美］艾兰等主编：《中国古代思维模式与阴阳五行说探源》，江苏古籍出版社，1998，第 161—195 页。

《易》曰:"《乾》之策二百一十有六。"蓍草一根为一策,阳爻之数九,揲四为四策,两者之积为每爻三十六策,《乾卦》六阳爻总计二百一十六策。又曰:"《坤》之策一百四十有四。"阴爻之数六,揲四为四策,每爻二十四策,《坤卦》六阴爻总计一百四十四策。《乾》《坤》两卦的策数之和为三百六十,合于周天,故《乾》《坤》合之可为宇宙,为天地,可生万物,故能总领六十四卦。

《周易》六十四卦分为上下两篇,六十四卦策数之合为:360×32 = 11520 策,故曰"二篇之策,万有一千五百二十,当万物之数也"。这就是《周易》六十四卦可以涵盖大千世界万事万物及其演绎变化的内涵和依据。由此可见,《周易》取九、六之数,既能使《乾》《坤》之策数合于周天,合于阴阳,合于天地,又能使六十四卦之策数合于万物,合于五行。故《周易》可与阴阳五行相合也。

综上所述,所谓文王演《周易》,或"广六十四卦,蓍九六之爻",或"演六十四卦,蓍七八九六之爻",[①]是在继承《连山》《归藏》的基础之上,使之有了质的升华。这里的"演",有演化和推演之义,"广"有包容和涵摄宇宙万物之义。[②]正是因为《周易》有如此通天策地之能,才得以最终从"筮短龟长"的附属地位解脱出来。文王演《周易》的内容主要包括:确立指导思想、建立首卦和卦序、创建大衍筮法、撰写卦爻辞等。正是在数代人的长期努力下,才最终熔铸成兼备哲学和数术的宏大《周易》体系,使圣人治国之道、阴阳五行学说和天地之道哲理化,不但使《周易》成为"推天道以明人事"的重要手段,而且使其得以摆脱数术范畴,成为教导世人的传世经典。故帛

---

① [晋]皇甫谧撰,陆吉点校:《帝王世纪·帝王世纪续补》,齐鲁书社,2010,第77页。

② 《左传·襄公二十九年》引《诗经·大雅》曰:"广哉!熙熙乎,曲而有直体,其文王之德乎。"《吕氏春秋·审分览·执一》曰:"圣人之事,广之则极宇宙,穷日月。"

书《要》篇引孔子之言曰："明君不时不宿，不日不月，不卜不筮，而知吉与凶，顺于天地之心。此谓易道。"[1] 由于易道与天道相合，只要把握易道，无须观测天象和揲蓍问卜，就能够预知吉凶。荀子的"善《易》者不卜"，也是此意。因此，无论是从哲学层面、道德层面来看，还是从宗教层面来看，《周易》的问世都是一个划时代的伟大成就。

圣人在创建《周易》的过程中，最核心且耗时耗力的是筮法和卦爻辞的创作，两者需要同步。其原因首先是，作为《周易》前身的《归藏》只有卦辞，没有爻辞，出土的王家台秦简《归藏》证实了这一点。[2] 因此，《周易》的大衍筮法和卦爻辞都要重新创建。

其次是创作卦爻辞的要求。筮法决定占卦的结果，所以要在确定筮法的前提下创作和验证卦爻辞。《占人》曰："凡卜筮既事，则系帛（币）以比其命，岁终，则计其占之中否。"[3] 即把卜筮的兆和辞与礼神之帛（币）系在一起，到年终时检查占中与否，以应验之爻辞作为以后占筮的依据。这一创作过程要求卦爻辞的创作与筮法相互适应。从这一点来看，大衍筮法的创作时间不迟于卦爻辞。

最后，周人需要根据自己的信仰和经历创作卦爻辞。创建《周易》需要创作六十四卦辞和三百八十四爻辞，且需要很长时间的实践检验。经过几代人的不懈努力，才形成兼具哲学和数术的《周易》体系。《晋卦》所谓的"康侯用锡马蕃庶，昼日三接"，指康侯把周王赐予的良马作为种马。康侯为文王之子，受封于卫，锡马之事应发生在武王或成王时代。[4] 又如《益卦》爻辞讲述的是西周王朝建新都洛邑的历史

① 郭沂：《帛书〔要〕篇考释》，《周易研究》2004 年第 4 期。
② 王辉：《王家台秦简〔归藏〕校释（28 则）》，《江汉考古》2003 年第 1 期。
③ 李学勤主编：《周礼注疏》，北京大学出版社，1999，第 649—650 页。
④ 李学勤：《周易溯源》，巴蜀书社，2006，第 16—18 页。

事件，其事发生在成王时代。[①] 由此可知，《周易》的创作不是文王一代人的事。

卜筮是受命于天的周天子与天帝沟通的手段。作为卜筮手段，《周易》体系的完备是周王朝受命于天的合法性的象征，没有与天帝沟通的手段，意味着周王朝无法秉承天命统治万民，"天命归周"的合法性就要受到怀疑和挑战。从这一点来看，《周易》应该是周王朝礼仪体制的重要组成部分，《周易》创作始于殷周之际的文王，经过文、武、周公、成王等数代人的努力，其完成应不迟于周公作礼之时。当然不排除在《周易》主体部分完成后，后世对卦爻辞作出补充和修改。

虽然《周易》是数代人集体智慧的结晶，但文王做了开创性的奠基工作，具有无可争议的领袖地位，所以后世称"文王演《周易》"。

五、五筮数的"一"

由天地之数的"天一生水，地二生火，天三生木，地四生金，天五生土，地六成水，天七成火，地八成木，天九成金，地十成土"来看，水、火、木、金四要素加五而为成数，由于五为土，寓意水、火、木、金得土而生。在这种情况下，"土"是水、火、木、金四要素存在的基础。当五行的五要素之一处于基准、基础或本源地位（以下简称"主要素"）时，五行要素事实上成为"一＋四"的模式。其中的主要素在数术思维的表示方法中，通常以数字"一"表示之。（关于五行的"一＋四"模式，本书第四章有专门论述，此不赘述。）由于五行生物成物的哲学思想涉及宇宙万物的起源、创世说以及各种形而上学的宇宙生成论等，故又将宇宙的本源称为"一""太一""太

---

① 吴保春：《西周迁洛与〈益〉卦爻辞解读》，《周易研究》2008年第1期。

极""太乙"等。相关论述有：

> 昔之得一者：天得一以清，地得一以宁，神得一以灵，谷得一以生，侯得一以为天下正。道生一，一生二，二生三，三生万物。(《老子》)①
>
> 通天下一气耳，圣人故贵一。(《庄子·知北游》)②
>
> 太一生水，水反辅太一，是以成天，天反辅太一，是以成地。天地复相辅也，是以成神明。神明复相辅也，是以成阴阳，阴阳复相辅也，是以成四时。……天地者，太一之所生也。(郭店楚简《太一生水》)③

又如《乾凿度》所言"太一行九宫"中的"太一"是主气之神，即主宰阴阳二气的变化之神。④关于"太极"，孔颖达疏曰："太极谓天地未分之前，元气混而为一，即是太初、太一也。"⑤

在筮数易卦的五筮数中，"一"出现的频率最高，且处于与其他四个筮数不同层次的特殊地位上，故五筮数是五行的"一＋四"模式，应分别适用于"幽赞"和"揲蓍"两种筮法。具体来看，"一"适用于"幽赞"，其余四个筮数则适于揲蓍。大衍筮法建立之后，"一"作为本源性要素——太极，不进入揲蓍的推演程序，此即王弼所谓的"不用而用以之通，非数而数以之成，斯易之太极也"。

"数"的概念形成之前，占卦方式是"幽赞"。由巫觋主占，故又

---

① 朱谦之：《老子校释》，中华书局，1984，第154—155、174页。
② 王先谦：《庄子集解》，中华书局，1984，第186页。
③ 刘钊：《郭店楚简校释》，福建人民出版社，2005，第42页。
④ 林忠军：《易纬导读》，齐鲁书社，2002，第94—95页。
⑤ 李学勤主编：《周易正义》，北京大学出版社，1999，第289页。

称"巫觋易"。"数"的概念形成之后，以筮数作为占卦手段，在筮法中同时使用幽赞和揲蓍。这既是数字卦时代的筮法，也是《说卦》中记载的五筮数的"参天两地"筮法。因此，数字卦时代处于从巫觋易向史官易的过渡时代。从殷商时代的数字卦来看，殷商是五筮数卦。周原发现的数字卦属于先周时代。商周两族交往频繁，季历和文王分别做过殷商的三公和西伯，即是明证，周人最初应是模仿或采用殷商筮法。从已经发现的殷商时期和先周时代的数字卦来看，商周时期使用较多的是"一""五""六""七""八"五个筮数，[①] 应属于沿用殷商五筮数卦的历史阶段。

六、五行与筮数

如前所述，《周易》之筮数由"天地之数"的成数转化而来。关于筮数，《月令》郑注曰：

> （筮）数者，五行佐天地生物成物之次也。《易》曰："天一地二，天三地四，天五地六，天七地八，天九地十。"而五行自水始，火次之，木次之，金次之，土为后。[②]

天地之数把五行转化为数，引入筮法，成为筮数，为《周易》所用，故筮数也具有五行通灵的神性。《周易》以大衍筮法推演天道五十要素，得到"七""八""九""六"四个筮数，由此建立卦爻。《周易》六十四卦、三百八十四爻之所以能够反映事物的发展变化，是因

---

① 张亚初、刘雨：《从商周八卦数字符号谈筮法的几个问题》，《考古》1981 年第 2 期。
② 李学勤主编：《礼记正义》，北京大学出版社，1999，第 448 页。

为任何一个卦爻都是由"七""八""九""六"四个筮数转化而成的。
这四个筮数是反映《周易》卦爻特征的四个基本要素，分别是少阳、
少阴、老阳、老阴，在《周易》中称作"四象"。即：

少阳为阳数，为七，卦爻符号为▄▄，为阳爻；

少阴为阴数，为八，卦爻符号为▄ ▄，为阴爻；

老阳为阳数，为九，卦爻符号为▄▄ ，为可变的阳爻；

老阴为阴数，为六，卦爻符号为▄ ▄，为可变的阴爻。

通过阴阳的变化和阴爻与阳爻的组合而产生老、少、阴、阳四象，
此谓之"两仪生四象"。筮法中的"三变成爻"，是"两仪生四象"的
过程；"十有八变而成卦"，是"四象生八卦"的过程。

《周易》筮数的建立与《河图》之数十五有关。按《乾凿度》曰：

> 阳动而进，阴动而退，故阳以七，阴以八为象。易，一
> 阴一阳，合而为十五之谓道。阳变七之九，阴变八之六，亦
> 合于十五，则象变之数若之一也。[1]

《乾凿度》中的"阳以七，阴以八为象"，是说七为少阳，八为少
阴，是不变爻。阳爻和阴爻的变化应分别遵循"阳动而进，阴动而退"
的原则。在四时中，春为阳气初生，夏为阳气极盛，阳为天，取奇数，
按"阳动而进"的原则，阳气上升由春到夏，是少阳七进到老阳九的
过程。秋为阴气初生，冬为阴气极盛，阴为地，为偶数，按"阴动而
退"的原则，阴气上升由秋到冬，是少阴八退到老阴六的过程。少阳、
少阴合为十五，老阳、老阴合为十五，符合"一阴一阳，合而为十五

---

① 林忠军：《易纬导读》，齐鲁书社，2002，第82—83页。

之谓道。阳变七之九，阴变八之六，亦合于十五"。十五是《河图》之数，也是九宫之数，是指九宫图中的三横、三竖与对角线数字之和均为十五。又，此处五行采用"一＋四"的架构模式，土居中，木、火、金、水，得土而生，故土王四季，不在筮数之内。由此确定，奇数七、九为天数，为阳；偶数八、六为地数，为阴。

另，按《尚书·洪范》孔颖达疏曰：

> 数之所起，起于阴阳。阴阳往来，在于日道。十一月冬至日南极，阳来而阴往。冬，水位也，以一阳生，为水数。五月夏至日北极，阴进而阳退。夏，火位也，当以一阴生，为火数。正月为春木位也。夏至以及冬至，当为阴进。八月为秋金位也。水火木金，得土数而成，故水成数六，火成数七，木成数八，金成数九，土成数十。①

孔颖达所谓的"数之所起……在于日道"，是说"数"要符合太阳的运行规律，也就是要符合四时运行规律。换句话说，筮数七、八、九、六应与四时相合。《乾凿度》之说与《尚书·洪范》相同。以大衍筮法四营三变得七、八、九、六四象。老阴为六，是"十一月冬至日南极，阳来而阴往"之象，五行为水，为北方，此时冬至一阳生，阴气盛极而衰；在卦象上为老阴变少阳，即六变为七，故老阴为变爻。老阳为九，是"五月夏至日北极，阴进而阳退"之象，五行为火，为南方，此时夏至一阴生，阳气盛极而衰；在卦象上为老阳变少阴，即九变为八，故老阳为变爻。少阳为七，为春分之象，五行为木，为东

---

① 李学勤主编：《尚书正义》，北京大学出版社，1999，第302页。

方，处于阳气成长、阴气消退的状态。少阴为八，为秋分之象，五行为金，为西方，处于阴气成长、阳气消退的状态。老少阴阳四个筮数体现了四季的周流变化，由其建立的七、八、九、六四个筮数，反映了大衍筮法创作者的大智慧。

综上所述，筮数源于五行，合于四时，是根据太阳的运行规律建立的，故曰"数之所起，在于日道"。以筮数的老少阴阳确立卦爻，以推演万事万物的发展变化，是建立《周易》筮数的原创思想。

七、"两仪生四象"的本质

在古天文历法中，两仪可以理解为相互运动、彼此消长的两位一体的要素，如天和地、阴和阳、恒星和行星等。其中，恒星古称经星，特指作为日月运行参照系的黄赤道恒星二十八宿，行星特指日月五星。四象是在阴阳两要素相互运动、此消彼长的过程中形成的四位一体的标志性要素，这些要素往往是两仪运动体系中具有特征性的四个时空点。例如：

日地周年运动体系中的四气——春分、夏至、秋分、冬至；

日地周日运动体系中的四方——东、南、西、北；

日地周日运动体系中的四辰——卯、午、酉、子；

月地运动体系中的四月相——上弦、望日、下弦、朔日；

《周易》筮数——七、九、八、六；

《周易》卦爻四象——少阳、老阳、少阴、老阴；

四正卦——《震》《离》《兑》《坎》。

上述各组要素之间的对应关系，可归纳如下：

少阳—七—春分—震—正东—上弦—卯正；

老阳—九—夏至—离—正南—望日—午正；

少阴—八—秋分—兑—正西—下弦—酉正；

老阴—六—冬至—坎—正北—朔日—子正。

根据上述对应关系，可将各组要素共同遵循的规律概述如下：

少阳是阳气上升、阴气下降达到的阴阳平衡状态，于筮数为七。春分恰值一年之中天气渐暖、白昼渐长、寒气渐退、黑夜渐短的昼夜等分之时，且春分日斗柄指向正东。上弦日恰值一月之中月球亮面增加、暗面消退的明暗等分之时。卯正恰值日出东方、夜色消退的黎明前后的昼夜相交之时。各要素之内涵均与少阳之义相合。

老阳是阳气上升到极点、逢极必返之时，于筮数为九。夏至恰值一年之中天气渐暖、白昼最长、寒气渐退、黑夜最短之时，且夏至日斗柄指向正南。望日恰值一月之中月球亮面逐渐增加，直至暗面全部消失之时。午正恰值正午时刻太阳升至最高的南中天，然后逐渐下落之时。各要素之内涵均与老阳之义相合。

少阴是阴气上升、阳气下降达到的阴阳平衡状态，于筮数为八。秋分恰值一年之中天气渐凉、白昼渐短、暑气渐退、黑夜渐长的昼夜等分之时，且秋分日斗柄指向正西。下弦日恰值一月之中月球亮面减少、暗面增加的明暗等分之时。酉正恰值日落西方、暮色初上的黄昏前后的昼夜相交之时。各要素之内涵均与少阴之义相合。

老阴是阴气上升到极点、逢极必返之时，于筮数为六。冬至恰值一年之中天气渐寒、白昼最短、暑气退尽、黑夜最长之时，且冬至日斗柄指向正北。朔日恰值一月之中月球隐没不见，亮面全部消失之时。子正恰值子夜时刻太阳尽没、位于正北之时。各要素之内涵均与老阴之义相合。

冬至等四气是日地体系的地球公转形成的四个特征时空点，朔日等四月相是月地体系的月球绕行地球的四个特征时空点，子正等四正是日地体系的地球自转形成的四个特征时空点。每一个运动体系及其四个特征时空点，都是在阴阳两要素相互运动、此消彼长的过程中形成的，在《周易》中被称为"两仪生四象"。从哲学层面来看，就是阴阳两类要素通过相互作用而产生的时空体系。从物理层面来看，时空体系是由物质运动产生的，不同类型的物质运动方式产生了不同的时空体系。

两仪者，天地也；四象者，时空也。因此，"两仪生四象"的本质就是天地运动产生时空体系，也即物质运动产生时空体系，这是蕴含于《周易》中的大智慧。在现代科学的时空体系诞生以前，我国先民用四位一体的四象作为时空体系的架构，四象是四个特征时空点，是测定时间和空间的基准和节点。因此，四象是古代的时空体系。四象的提出和建立，是我国先民认识时空体系时形成的质的飞跃。这是与古希腊绝对时空理念最大的不同之处。

八、本章重要结论

Ⅰ.《说卦》"圣人作易"一章为古数字卦的筮法，盛行于《周易》大衍筮法之前。该筮法是根据五行中的五大行星"参天两地"之说，确定三奇两偶的五个筮数。目前已出土的殷周时期数字卦中，所有五筮数卦中都有"一"，其余为两奇两偶，合于五行中的"一＋四"模式，"一"处在基础和本源地位。在筮数中，"一"为本源，为太极，可以直接通神入化，适用于"幽赞"，其余四筮数适用于揲蓍。大衍筮法建立之后，"一"作为本源性要素—太极，不进入揲蓍程序。

Ⅱ.文王在数字卦的五筮数基础之上，创建《周易》大衍筮法。

以天地之数把五行引入筮法，并以其成数为筮数，得奇数七、九为天数，为阳；偶数八、六为地数，为阴。由是，得筮数七、八、九、六，寓意五行的水、火、木、金。少阳为七，少阴为八，合于十五；老阳为九，老阴为六，亦合于十五，均为河图之数。又取阳爻之数为九，阴爻之数为六，既使《乾》《坤》之策数合于周天，合于阴阳，合于天地，又使六十四卦之策数合于万物。此为文王演《周易》，"广六十四卦，著九六之爻"。

《周易》自身具有的通天策地之能，使其得以摆脱"筮短龟长"的附属地位。文王演《周易》的内容主要包括：确立指导思想、建立首卦和卦序、创建大衍筮法、撰写卦爻辞等。正是在数代人的长期努力下，才最终熔铸成兼备哲学和数术的宏大《周易》体系，使圣人治国之道、阴阳五行学说和天地之道哲理化，不但使《周易》成为"推天道以明人事"的重要手段，而且使其得以摆脱数术范畴，成为教导世人的传世经典。

Ⅲ. 筮数源于五行，合于四时，是根据太阳的运行规律建立的，故曰"数之所起，在于日道"。以筮数的老少阴阳确立卦爻，以推演万事万物的发展变化，是建立《周易》筮数的原创思想。

Ⅳ.《周易》筮数：七、九、八、六。《周易》卦爻四象：少阳、老阳、少阴、老阴。这些四位一体的各组要素，就是阴阳两类要素通过相互作用而产生的时空体系中的四个特征时空点。从阴阳思想的哲学意义上来说：

少阳是阳气上升、阴气下降达到的阴阳平衡状态，于筮数为七，于气为春分；

老阳是阳气上升到达极点、逢极必返之时，于筮数为九，于气为夏至；

少阴是阴气上升、阳气下降达到的阴阳平衡状态，于筮数为八，于气为秋分；

老阴是阴气上升到极点、逢极必返之时，于筮数为六，于气为冬至。

春分、夏至、秋分、冬至四气是日地体系的地球公转形成的四个特征时空点，朔日、上弦、望日、下弦四月相是月地体系的月球绕行地球的四个特征时空点，子正、卯正、午正、酉正四正是日地体系的地球自转形成的四个特征时空点。每一个运动体系及其四个特征时空点，都是在阴阳两类要素相互运动、此消彼长的过程中形成的。此即《周易》所谓的"两仪生四象"。

V."两仪生四象"的本质是天地运动产生时空体系，也即物质运动产生时空体系，这是蕴含于《周易》中的大智慧。在现代科学的时空体系诞生以前，我国先民用四位一体的四象作为时空体系的架构，四象是四个特征时空点，是测定时间和空间的基准和节点。因此，四象是古代的时空体系。四象的提出和建立，是我国先民认识时空体系时形成的质的飞跃。这是与古希腊绝对时空理念最大的不同之处。

第四章

从伏羲观天法地到帝喾序三辰

太史公以八方风演绎大衍之数的过程，揭示了八卦与日月星辰之间的内在联系。关于古人对日月星辰的认识，特别是对它们在创世过程中作用的认识，可以追溯到中华民族的创世神话。创世神话对于一个民族文化的起源来说，具有特殊作用。茅盾先生从1929年开始，关注和研究创世神话。他在《各民族的开辟神话》一文中指出：

开辟神话就是解释天地何自而成，人类及万物何自而生的神话。无论文明或野蛮，各民族都有自己的开辟神话，其根本出发点都是原始信仰。[1]

茅盾先生所谓的"开辟神话"，就是创世神话。黄悦先生也指出：

神话作为人类早期的文化形态的总体决定了特定文化深层的思维模式和心理原型，只有将神话视为人类文化的深层基因，才有可能找到文化生成的深层结构和隐秘信息。更重要的是，将神话还原到特定的文化语境中，对其在特定族群中的作用进行反思，并透过这种文化基因更加深入研究人类

---

① 茅盾：《各民族的开辟神话》，载氏著：《神话杂论》，世界书局，1929。

文化的多样性和一致性。神话，特别是创世神话，在人类文化的发展中意义重大，因为世界各地的人们都在创世神话中寻求解释。这种解释对他们的文化形成至关重要。《楚帛书·甲篇》的创世神话不仅包含宇宙的起源、大地的形成，还包括四时与日月的产生。其中具备了世界创世神话中的多种重要的母题。①

提起创世神话，首先想到的是长沙子弹库楚帛书《创世篇》（又称《楚帛书·甲篇》）。对比它的内容和有关传世文献的记载后不难发现，《创世篇》的主题就是从伏羲"观天法地"开始到"帝喾序三辰"为止的中华民族祖先创造世界的过程。这一过程也可以说是古天文历法的发展过程，是将我国先民对于四时和日月星辰的认识作为中华民族历史和文化的发端。《尚书·尧典》记载的帝尧"历象日月星辰"、四仲中星的古天文历法成就与《创世篇》的内容相互衔接。由此勾勒出起源于上古，中经帝喾、帝尧父子，绵延到夏商周三代的古天文历法发展和演化的历史。这一段历史以及创世神话中的思维模式和文化内涵，对于阴阳五行思想的形成、《周易》的问世，都有至关重要的影响。

据楚帛书《创世篇》记载，伏羲、女娲生了四神（四宫二十八宿的前身），帝夋生了日、月（十日、十二辰），合之而为"日月星三辰"，此乃大衍之数是也。它们作为天道运行的五十要素，形成了宇宙的基本架构。因此，大衍之数作为中华民族"文化生成的深层结构和隐秘信息"，成为创世神话中最重要的"母题"之一。故"大衍"

---

① 黄悦：《创世神话的价值重估与意义阐释——"中国创世神话比较研究国际学术讨论会"综述》，《长江大学学报（社会科学版）》2009 年第 1 期。

者，衍生天地万物者也。

《创世篇》中的伏羲和帝喾（帝夋）分别代表创造世界过程中的两个历史阶段，伏羲是三皇之首，是中华民族的开辟之神；帝喾作为创世神之一，是上古神话中的天帝。遗憾的是，关于帝喾的贡献和历史作用，论者甚少。其原因有二，一是有关的文献记载少且过于简略，二是研究方式上存在一些值得商榷之处。

大衍之数提供了研究帝喾的重要维度。大衍之数即为三辰，也就是日月星辰。殷周之际的"星辰"是二十八宿体系，"帝喾序三辰"时代的"星辰"是二十八宿体系的原始状态或者早期形态。如此一来，我们便可利用《尧典》关于帝尧历法的记载，再结合古天文历法知识，来推知帝喾的历法成就，还原《创世篇》《山海经》中的历史场景，从而填补远古历史研究的诸多空白。

大衍之数还为认识西周历法提供了重要途径。西周历法作为我国古代第一部推步历法，虽然非常粗糙，但是具备了推步历法最原始的基础形态和要素，因此通过对这些原始要素的研究，就可以步入推步历法之前的历史时代——阴阳合历时代。这个时代是由帝喾开启的，我们可以通过大衍之数和"历象日月星辰"来研究帝喾，从而为探讨古代历法的远古起源这一重要课题指明了方向和路径。

一、"大衍"是日月星辰创造万物

楚帛书是新中国成立前在湖南长沙东南郊子弹库战国楚墓盗掘出土的，出土不久便落入当时在长沙雅礼中学任教的美国人考克斯手中，并被他带到美国。该帛书在美国数度易手，最终收藏在纽约大都会博物馆。1966 年，受博物馆的委托，阿克托科学实验公司将其拍摄成黑白和彩色两种照片，许多专家陆续对楚帛书进行研究。

《创世篇》记载了一个完整的中华民族创世神话。现根据有关学者的研究成果，将隶定文字摘录如下：

> 古之包牺，乃取女娲，是生子四。长曰青干，二曰朱四单，三曰翏黄难，四曰□墨干。千又百岁，日月复生。九州丕塝，山陵备血。四神乃作，至于覆，天旁动，扞蔽之青木、赤木、黄木、白木、墨木之精。炎帝乃命祝融以四神降，奠三天，□思捊，奠四极。非九天则大血，则毋敢蔑天灵，帝夋乃为日月之行。共工□步十日四时，□神则闰，四□毋思，百神风雨，辰纬乱作。乃□日月，以传相土，又霄又朝、又昼又夕。①

许多学者都对《创世篇》的内容进行过研究和解释，但各种说法之间出入较大。笔者在总结相关学者研究成果的基础上，运用古文字学和古天文历法知识，对这段文字试作进一步探讨。

关于包牺和女娲之四子——四神，李零先生的解释是：

> 此四子也就是下文的"四神"。长曰青干，二曰朱四单，三曰翏黄难，四曰□墨干。青干即帛书右上角之青木，代表东方和春天，下领一至三月；朱四单即帛书右下角之赤木，代表南方和夏天，下领四至六月；翏黄难，当是黄木，但黄

---

① 郑礼勋：《楚帛书文字研究》，硕士学位论文，台湾中正大学中国文学系，2007，第45—47页。董楚平：《楚帛书"创世篇"释文释义》，载中国古文字研究会编：《古文字研究（第二十四辑）》，中华书局，2005，第347—351页。李零：《长沙子弹库战国楚帛书研究》，中华书局，1985，第64—73页。

木不见于帛书，帛书左下角之木是墨线白描，恐所记有误。帛书左下角白木代表西方和秋天，下领七至九月；□墨干即帛书左上角黑木，代表北方和冬天，下领十至十二月。[①]

李零先生说得很清楚，包牺和女娲之四子即为"四神"。从四神的颜色、职责、帛书四角之木及其对应的季节与月份来看，四神应为古天文之四象，《史记·天官书》中又称"四宫"，即青干为东方苍龙；朱四单为南方朱雀；鹥黄难应为西方白虎；□墨干为北方玄武。四宫各有七宿，合为黄赤道二十八宿。在伏羲时代，我国先民通过观测黄赤道四方星宿的出没规律来确定春、夏、秋、冬的时间，这是最古老的观象授时。值得注意的是，因为帛书的"鹥"字仅存上半部"羽"，下半残缺，所以学者识读不一。按五行之色，"鹥黄难"应为白色，故"鹥"应读为"鹥"。鹥，《说文》释为"鸟白肥泽兒"。段玉裁注曰，《大雅》"白鸟鹥鹥"，毛传曰："鸟白肥泽曰鹥。"[②] 因此，"鹥黄难"应改为"鹥黄难"。

"千又百岁，日月夋生"之"夋"，王国维考证后认为，"夒"为"帝喾"之名，因形讹而成"夋"。据此推定，"帝夋"就是五帝中的帝喾，也即《山海经》中的天帝——帝俊。[③]《山海经》曰：

> 有羲和者，帝俊之妻，生十日。郭璞注："羲和盖天地始生，主日月者也。"（《大荒南经》）[④]

① 李零：《长沙子弹库战国楚帛书研究》，中华书局，1985，第69—70页。
② ［汉］许慎撰，［清］段玉裁注：《说文解字注》，上海古籍出版社，1981，第140页。
③ 王国维：《殷卜辞中所见先公先王考·夋》《殷卜辞中所见先公先王续考·高祖夋》，载傅杰编校：《王国维论学集》，中国社会科学出版社，1997，第16—17、31页。
④ 袁珂校注：《山海经校注》，上海古籍出版社，1980，第381页。

　　帝俊妻常義，生月十有二。珂案："'常義'即'常仪'也。'帝俊'亦即'帝喾'也。《吕氏春秋·勿躬》篇云：'尚仪作占月。'"（《大荒西经》）①

　　羲和作占日，尚仪作占月……圣人之所以治天下也。（《吕氏春秋·勿躬》）②

　　由上述关于"千又百岁，日月炎生"的神话性解释可知，日、月与四宫合之，即为日月星辰，也就是"日、月、星三辰"，后来演绎为天道五十要素，并被后世学者归结为"大衍之数"。

　　关于"九州丕塝，山陵备峡"之"峡"，通常被解读为"洫""侐"，由此产生两种截然相反的解释。按《说文》，"侐"为静，董楚平先生将此句释为"九州太平，山陵安静"。③《庄子·则阳》"与世偕行而不替，所行之备而不洫"注云："洫，败坏也。"④李零先生认为《庄子·则阳》这句话描述的是《淮南子·天文训》等所记共工怒触不周山后，"天柱折，地维绝，天倾西北，故日月星辰移焉；地不满东南，故水潦尘埃归焉"的情景。⑤所谓"天倾西北""地不满东南"，似与古代宇宙"盖天说"的模型相合。按《晋书·天文上》曰：

　　古言天者有三家，一曰盖天，二曰宣夜，三曰浑天。周髀家云："天圆如张盖，地方如棋局。天旁转如推磨而左行，

---

　　① 袁珂校注：《山海经校注》，上海古籍出版社，1980，第404页。
　　② 关贤柱等译注：《吕氏春秋全译》，贵州人民出版社，1997，第601页。
　　③ 董楚平：《楚帛书"创世篇"释文释义》，载中国古文字研究会编：《古文字研究（第二十四辑）》，中华书局，2005，第347—351页。
　　④ 王先谦：《庄子集解》，中华书局，2004，第227页。
　　⑤ 李零：《长沙子弹库战国楚帛书研究》，中华书局，1985，第70—71页。

日月右行，随天左转，故日月实东行，而天牵之以西没。譬
之于蚁行磨石之上，磨左旋而蚁右去，磨疾而蚁迟，故不得
不随磨以左回焉。"周髀"者，即盖天之说也。其本庖牺氏
立周天历度，其所传则周公受于殷商，周人志之，故曰"周
髀"。[①]

此即我国最早的"盖天说"宇宙模型，即天如斗笠，地如棋盘。
在大地的上方共有九重天，由下至上依次为：月天、水星天、金星天、
日天、火星天、木星天、土星天、二十八宿天。第九重天为天帝所居，
称为"宗动天"。日、月和二十八宿所在的天合称"三天"，用来维持
日月星辰的正常运行。

由于"九州不平，山陵备峡"导致"天柱折，地维绝"，故四神
下凡，在大地的四方和中央建立青、赤、黄、白、墨五色神木以代替
"天柱"，撑住天穹，使之免于倾斜，维持九重天的正常运行。"扞蔽"
有支撑和保护之义。"五色之木精"可释为五色神木。"旁转"是指有
依托的转动。天穹借助于五色神木的支撑而转动，如同石磨的上盘以
下盘为依托而转动。日月既有随着天穹转动的左转，又有相对于天穹
的右转，这就是古人对由地球的自转和公转造成的日月运行状态的阐
释。"盖天说"模型，可参见图4-1。

---

① 中华书局编辑部编：《历代天文律历等志汇编》卷一，中华书局，1975，第164—165页。

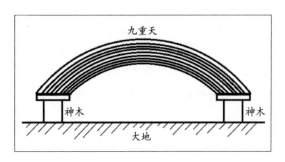

图 4-1 "盖天说"模型

《创世篇》中的"帝夋乃为日月之行",后世学者谓之"帝喾序三辰"。相关记载如下:

> 《国语·鲁语上》:帝喾能序三辰以固民。
>
> 韦昭注曰:三辰,日、月、星。谓能次序三辰,以治历明时,教民稼穑以安也。[1]
>
> 《礼记·祭法》:帝喾序星辰以著众。
>
> 孔颖达疏曰:喾能纪星辰,序时以明著,使民休作有期,不失时节,故祀之也。[2]
>
> 《帝王世纪》曰:帝喾高辛氏,姬姓也。自言其名曰"夋"。骈齿有圣德,能顺三辰。[3]

上述引文中的"序三辰""次序三辰""序星辰""顺三辰",都是关于帝喾观测"三辰"体系运行规律的描述。

伏羲和女娲生了四神(黄赤道四方星宿),帝喾和他的两位帝后

---

① 徐元诰撰,王树民等点校:《国语集解(修订本)》,中华书局,2002,第 156 页。

② 李学勤主编:《礼记正义》,北京大学出版社,1999,第 1307、1309 页。

③ [晋]皇甫谧撰,陆吉点校:《帝王世纪》,齐鲁书社,2010,第 11 页。

妻子——羲和与常羲生了"十日"与"十二月"。羲和是太阳女神，常羲（又称"常仪""尚仪"）是月亮女神。《山海经》中的十日源于十天干纪日，十二月源于十二地支纪月，是古老的天干地支纪时方法的反映。在数字和序数词还没有出现的史前时代，以天干地支纪时的方式来构建时空体系，奠定了纪时和历法的基础，并开启了后世的干支纪时。

伏羲通过长期观察天象认识到，四方星宿的出没与四季的交替之间存在着相同的运动规律，并由此创建了观象授时，这是中华古代文明的肇始。四方星宿即东宫青龙（苍龙）、南宫朱雀、西宫白虎、北宫玄武，四方星宿被神化之后，演绎为《创世篇》所谓的伏羲和女娲的四子（青干、朱四单、䨣黄难、□墨干四神），而伏羲本人则成为中华民族开天辟地的始祖。帝喾以十天干纪日和十二辰纪月来创建阴阳合历的过程被神化之后，演绎为《创世篇》所谓的"帝俊生出日月"以及《山海经》所谓的"羲和生十日，常羲生十二月"，帝喾本人由此成为《山海经》中的"天帝"。我国先民出于对天和祖先的信仰，把伏羲、帝喾等对古天文历法和中华民族历史有重大贡献的人物神化为天皇和天帝，而四神和日月则分别成为他们的子女。创建天文历法的过程，也以神话的方式流传至今。

《创世篇》的中心思想是日、月、星三辰或日月星辰创生天地万物，这一思想成为将十日、十二辰、二十八宿作为天道运行五十要素的由来和根据。由于天道运行创生了万物，所以这五十要素被称为"大衍之数"。《周易》"大衍之数五十"的说法即由此而来。

天道创生万物，并让日月星辰赋予人类光明和温暖，给大地带来四季，造就了古人类生存的基本条件。古人对于天的宗教信仰具体化为对"日月星辰"的信仰后，又建立了相应的祭祀礼仪。如：

> 以禋祀祀昊天上帝，以实柴祀日月星辰。（《周礼·大宗伯》）①
>
> 孟冬之月……天子乃祈来年于天宗。（《礼记·月令》）②

后世学者注曰，此《周礼》所谓"蜡祭"也。天宗，谓日月星辰也。孔颖达疏曰："'祈来年于天宗'者，谓祭日月星辰也。"③

文王演《周易》的目的在于建立天人之间的沟通渠道。由于天意具体化为对日月星辰及其运行规律的认识，故可用蓍草拟比日月星辰运行来沟通天人。《周易》筮法源自日月星辰创造世界，衍生万物，故被称为大衍筮法，日月星辰五十要素则被称为大衍之数。

二、论伏羲观天法地

除《创世篇》外，有关伏羲观象授时的最早文献记载是《系辞》的"伏羲观天法地"。鉴于皇甫谧《帝王世纪》、司马贞《补史记·三皇本纪》中的相关内容均来源于《系辞》，故有必要对其展开论述。《系辞》曰：

> 古者包牺氏之王天下也，仰则观象于天，俯则观法于地，观鸟兽之文，与地之宜，近取诸身，远取诸物，于是始作八卦。以通神明之德，以类万物之情。④

---

① 李学勤主编：《周礼注疏》，北京大学出版社，1999，第451页。
② 李学勤主编：《礼记正义》，北京大学出版社，1999，第550页。
③ 李学勤主编：《礼记正义》，北京大学出版社，1999，第550页。
④ 李学勤主编：《周易正义》，北京大学出版社，1999，第298页。

《系辞》这段记载通常被简称为"伏羲观天法地"，同时涉及八卦起源。"观象授时"包括"观天"和"法地"两个互相关联的操作程序，第一步是夜晚观察天象，即"仰则观象于天"（简称"观天"）；第二步是白昼测定季节，即"俯则观法于地"（简称"法地"）。"法地"的本义是用眼睛观测万物随着气候的季节性变化而发生的规律性变化（又称"物候现象"）。如候鸟迁徙、江河封冻与融解、植物开花和结子等，后来发展到用仪器测定节气。"法地"之"法"字应释为测量仪器和方法，有人释为"法则"是不确切的。如：

> 尺寸也，绳墨也，规矩也，衡石也，斗斛也，角量也，谓之法。尹知章注曰：凡此十二事，皆立政者所以为法也。（《管子·七法》）[1]

> 天下从事者，不可以无法仪。无法仪而其事能成者，无有也。虽至士之为将相者皆有法，虽至百工从事者亦皆有法。百工为方以矩，为圆以规，直以绳，衡以水，正以县。无巧工不巧工，皆以此五者为法……故百工从事，皆有法所度。今大者治天下，其次治大国，而无法所度，此不若百工辩也。（《墨子·法仪》）[2]

测定节气的最古老方法是：在地面上垂直立一支木杆（后来演化为"圭表""土圭"），观测日出、日落和正午时的杆影长度（古称"景长"）随季节变化的规律。正午景长最长时，日出最南，白昼最短，

---

① 黎翔凤撰，梁运华整理：《管子校注》，中华书局，2004，第106页。
② ［清］孙诒让：《墨子间诂》，中华书局，2001，第20—21页。

是为冬至或日短至；正午景长最短时，日出最北，白昼最长，则为夏至或日长至；春秋二分正午景长居中，日出正东，昼夜等分。每个节气都有相应的正午景长以及日出、日入的方位和景长。通过在地面测量景长和日出入的方位来确定节气，就是"法地"。只有夜晚的"观天"和白昼的"法地"相结合，才能够确定节气及其对应的天象，从而通过天象出现的时间来判断季节。因此，"观天""法地"只有同时进行，才可谓之"观象授时"，才能够创建历法。《尧典》中记载的二分二至时的四仲中星天象，就是采用上述测量方法得到的。

从中心思想和语法逻辑来看，"观鸟兽之文"应该是对"观天法地"的进一步解释。《周易集解》引陆绩注曰："谓朱鸟、白虎、苍龙、玄武四方二十八宿经纬之文。"[①]《汉上易传》曰："鸟兽之文，即天文。《太玄》曰：'察龙虎之文，观鸟龟之理，举鸟兽则龟见矣。'"[②]刘大钧先生《周易传文白话解·系辞下》注云："由上下文义读之，似指天上四象，即朱雀、白虎、苍龙、玄武。"对于"文"的解释非常重要，《淮南子·天文训》高诱注曰：

> 文者，象也。天先垂文象，日月五星及彗孛皆谓以谴告一人，故曰天文。[③]

这里，"文"应释为"象"，"天文"应释为"天象"，"鸟兽"应释为苍龙、白虎、玄武、朱雀四宫的统称，"鸟兽之文"应释为四宫运行形成的天象。四宫又称"四象"，故有"四象生八卦"之说。有

---

① 刘大钧主编：《周易集解》，巴蜀书社，2004，第236页。

② [宋]朱震：《汉上易传》，九州出版社，2012，第239页。

③ 张双棣：《淮南子校释》，北京大学出版社，1997，第246页。

些学者把"鸟兽"释为飞鸟走兽，把"文"释为"斑纹""花纹""文采""纹理"等，[①] 是不符合上下文逻辑的。

"与地之宜"之"宜"，应释为适宜、对应，故《系辞》的"伏羲观天法地"应释为：伏羲通过观测苍龙、白虎、玄武、朱雀四宫运行之规律来确定节气。

综上所述，《系辞》这段文字的整体释义是：伏羲是上古华夏民族的帝王。他在夜晚观察天空中的星象变化，白昼观察大地的物候现象。经过长期观测发现，黄赤道四方星宿的变化规律与大地的四季变化相合。伏羲根据人类自身的需要和对客观规律的认识，把万物生存条件归结为天、地、日、月、风、雷、山、泽八个要素，并创作八卦以记之。

《创世篇》的神话故事和伏羲观天法地的文献记载，一方面说明日月星辰的运行衍生了四季，创造了万物；另一方面表明我国先民在观象授时、认识四季的过程中创作了八卦。上述认识构成了八卦（乃至后来的"三易"）与观象授时、日月星辰之间的渊源，奠定了文王创建《周历》以及用大衍之数创建大衍筮法和《周易》的基础。

三、从观天法地到帝喾序三辰

"观天法地"说和《创世篇》都认为，伏羲通过观测黄赤道四方星宿的出没规律来认识四时，是中华民族观象授时的肇始。不同的是，前者是上古传说的文字记载，后者是以神话方式阐述了大致相同的故

---

① 徐子宏：《周易全译》，贵州出版社，1991，第 373 页。张其成主编：《易学大辞典》，华夏出版社，1992，第 208 页。杨维增等：《周易基础》，花城出版社，1994，第 376 页。高亨：《周易大传今注》，齐鲁书社，1998，第 419 页。黄寿祺、张善文：《周易译注》，上海古籍出版社，2001，第 572—573 页，等等。

事。这表明《创世篇》的母材源自前者，伏羲、女娲及其四子（四神）是对伏羲"观象授时"的神化。四子（四神）的原型是古天文学中的四宫或四象（东宫苍龙、南宫朱雀、西宫白虎、北宫玄武）。《创世篇》所谓的"日月夋生""帝夋乃为日月之行"，《山海经》所谓的"羲和生十日""常羲生十二月"等，都是对帝喾序三辰的神化。说明帝喾在伏羲观象授时的基础上，通过观测太阳和月亮来认识四时和创建历法。由此可见，神话中的创世过程可分为两个阶段，一是《系辞》的"伏羲观天法地"时代，二是《国语》的"帝喾序三辰"时代。

有关帝喾的文献记载较少。《尚书序》曰："少昊、颛顼、高辛、唐、虞之书，谓之五典。"孔颖达疏曰："高辛，帝喾也，姬姓。五帝之三也。"[1] 但今古文《尚书》中仅存"唐、虞之书"（《尧典》《舜典》），而少昊、颛顼、高辛之典均已失传。笔者研究帝喾的文献有两类：一是散见于文献中的"帝喾序三辰"等片段记载及历代注家的解读，二是《山海经》中的神话性叙述、《尧典》中记载的历法成就。

如前已述，帝喾、帝尧时代的黄赤道星宿是四宫二十八宿的前身，已具备观测日月运行的时空背景功能。"帝喾序三辰"之"序"，段玉裁《说文解字注》曰：

> 次第谓之叙。经传多假序为叙。《周礼》《仪礼》序字注多释为次第是也。又《周颂》"继序思不忘"。传曰："序，绪也。"此谓序为绪之假借字。[2]

《诗经·周颂·闵予小子》"於乎皇王，继序思不忘"，正义曰："以

① 李学勤主编：《尚书正义》，北京大学出版社，1999，第4页。
② [汉] 许慎撰，[清] 段玉裁注：《说文解字注》，上海古籍出版社，1981，第444页。

王世相继，如丝之端绪，故转为绪。"① 可见，"序"与"绪"相通。
"王世相继，如丝之端绪"表明，"绪""序"都是长期的规律性行为。
故"序三辰"应释为长期观测研究日、月、二十八宿的运行规律，与
《尧典》之"历象日月星辰"同义。

《大戴礼记·五帝德》《史记·五帝本纪》中都出现了"帝喾历日
月而迎送之"的记载，但是两书的侧重点有所不同。

> 《大戴礼记集注》○孔广森曰：寅宾出日曰迎，寅饯纳日
> 曰送。《祭法》曰：帝喾能序星辰以著众。○王聘珍曰：《尔
> 雅》曰："历，相也。"相日月之出入而察之，若寅宾、寅饯
> 然，故曰迎送之。○怀信曰：历，历象。历日月，谓以日月
> 为历象。送迎之，若《尧典》谨观其象也。②
>
> 《史记正义》：言作历弦、望、晦、朔，日月未至而迎之，
> 过而送之，上"迎日推策"是也。③

在《大戴礼记集注》中，孔、王、黄都认为帝喾"历日月而迎送
之"与《尧典》的"历象日月星辰"有关。《史记正义》所谓的"作历
弦、望、晦、朔"，涉及朔望月纪时。帝喾最早认识到太阳的运行决定
了大地的四时变化，并以黄赤道恒星作为星空背景来观测日月运行。
这无疑表明，"帝喾序三辰"为《尧典》的"历象日月星辰"奠定了基
础。帝尧在继承帝喾历法事业的基础上，取得了"四仲中星"等重大
历法成就。

① 李学勤主编：《毛诗正义》，北京大学出版社，1999，第 1345 页。
② 黄怀信等：《大戴礼记汇校集注》，三秦出版社，2005，第 746 页。
③ [汉] 司马迁撰，郭逸等标点：《史记》，上海古籍出版社，1997，第 10 页。

我们以《尧典》为基础，再结合古天文历法的知识和逻辑，就可追溯"帝喾序三辰"的具体贡献。《尧典》曰：

> 历象日月星辰，敬授人时。
>
> 寅宾出日，平秩东作，日中星鸟，以殷仲春，厥民析。
> 平秩南讹，日永星火，以正仲夏，厥民因。
>
> 寅饯纳日，平秩西成，宵中星虚，以殷仲秋，厥民夷。
>
> 平在朔易，日短星昴，以正仲冬。厥民隩。
>
> 期三百有六旬有六日，以闰月定四时成岁。
>
> 孔传：寅，敬。宾，导。东方之官敬导出日。饯，送也。
> 日出言导，日入言送。
>
> 正义：或以《书传》云"主春者张，昏中，可以种谷；
> 主夏者火，昏中，可以种黍；主秋者虚，昏中，可以种麦；
> 主冬者昴，昏中，可以收敛。[①]

《尧典》中出现了四宫二十八宿的四方主星：南宫朱雀张宿、东宫苍龙心宿、北宫玄武虚宿、西宫白虎昴宿。这四个星座黄昏位于南中天之时，分别是一年中的春分、夏至、秋分、冬至（古称"四至""四中气"），故这一天象被称为"四仲中星天象"。尧由此建立了以四中气正定四仲之月的置闰规则，并测得岁长为 366 日。赵永恒先生和李勇先生以岁差改正使用国际天文学会推荐的 P03 模型的推演，在公元前 2314 年至公元前 2176 年间，四仲中星天象与模型天象吻合

[①] 李学勤主编：《尚书正义》，北京大学出版社，1999，第 29—34 页。

得最好。① 若按夏代立国于公元前 2100 年左右② 来推算,"四仲中星天象"的时间应在夏代前的 150 年左右,与帝喾到帝尧的时代基本相符,也与《山海经·大荒经》中记载的故事时代相合。如此一来,我们就可结合《山海经》中的神话传说与《尧典》中记载的历法成就,来探讨帝喾在古天文历法中的贡献。

首先,帝喾最早认识到是太阳的运行决定了大地的四时,由此建立太阳年的理念,并实现了对太阳运行位置的长期观测。

帝喾发现,日出日落位置每天都在缓慢变化,随之有日照时间长短和大地冷暖的相应变化,太阳的运行直接影响了大地的物候。帝喾还发现,由于太阳的强烈光芒掩盖了同时存在的一切天体,所以在天穹中找不到任何恒星可以作为参照物,用来确定太阳在天空中的运行位置。因此,他选择在日出日落的特定时刻,以地平线上的特征地形物(如高山)作为参照物,来观察和记录太阳的出没地点。《山海经·大荒经》所谓的"日月所出之山",就是帝喾观察太阳出入的特征地形物。《尧典》的"寅宾出日""寅饯纳日"表明,帝尧继承了帝喾的历法事业,继续观测太阳运行的规律。

《大荒东经》记载的"日月所出之七山"分别是:

> 东海之外,大荒之中,有山名曰大言,日月所出。大荒之中,有山名曰合虚,日月所出。
>
> 大荒中有山名曰明星,日月所出。
>
> 大荒之中,有山名曰鞠陵于天,日月所出。

---

① 赵永恒、李勇:《二十八宿的形成和演变》,《中国科技史杂志》2009 年第 1 期。

② 夏商周断代工程专家组编著:《夏商周断代工程 1996—2000 年阶段成果报告·简本》,世界图书出版公司,2000,第 86 页。

大荒之中，有山名日孽摇頵羝，有谷曰温源谷。汤谷上有扶木。一日方至，一日方出，皆载于乌。

大荒之中，有山名猗天苏门，日月所生。

东荒之中，有山曰壑明俊疾，日月所出。[1]

《大荒西经》记载的"日月所出之七山"分别是：

西海之外，大荒之中，有方山者，日月所出入也。

大荒之中，有山名日丰沮玉门，日月所入。

大荒之中，有龙山，日月所入。

大荒之中，有山名日月山，天枢也。吴姬天门，日月所入。

大荒之中，有山名曰鏖鏊鉅，日月所入者。

大荒之中，有山名曰常阳之山，日月所入。大荒之中，有山名曰大荒之山，日月所入。[2]

东西方七山合称"七山体系"。帝喾借助于"七山体系"，开启了长期观测日月运行、创建历法的伟大事业，他本人因此被神化为日月之父，而羲和与常羲则分别被神化为日月之母。

众所周知，地球有两种运动形式：一是每日一周的自转，二是在黄道面上沿椭圆形轨道绕行太阳的每年一周的公转。如果以地球作为静止体系来观察太阳运行的话，则有相应的二种视运行：一是由地球自转造成的、太阳每日东升西落的周日视运行；二是由地球公转造成的、太阳在南北回归线之间往返移动的周年视运行。

---

① 袁珂校注：《山海经校注》，上海古籍出版社，1980，第340—357页。

② 袁珂校注：《山海经校注》，上海古籍出版社，1980，第394—413页。

七山体系同时具备观测太阳的两种视运行的功能，在七山的日出位置上，每天黎明之前先见到黄赤道恒星（称为"辰见"或"偕日出"天象），然后才看到太阳升起，谓之"迎日出"。在七山的日落位置上，每天黄昏先见到太阳落下，然后才看到夜幕初降时的黄赤道恒星（称为"昏见"或"偕日落"天象），谓之"送日落"。帝喾年复一年地观测太阳的起落，后人称之为"帝喾历日月而迎送之"。这些黄赤道恒星终日与日月相伴，则被统称为二十八宿。帝尧在观察"昏见"的同时，还观察南中天位置上的二十八宿天象，谓之"昏中"。《尧典》记载的四仲中星天象就是昏中星。

第二，帝喾确立二至二分，奠定了测量岁长和建立节气的基础。

早在 1941 年，胡厚宣先生便发现《大荒经》中的四方神名和四方风名，与《尧典》和殷墟卜辞中所记载的四方神名和四方风名不谋而合。胡厚宣先生说：

> 甲骨文的四方和四方风名，还全套保存在《山海经》和《尧典》里。《山海经》虽多错字错简，但关于四方和四方风，不但名称基本上与甲骨文相同，而且句法也和甲骨文几乎完全一样。到《尧典》虽略有讹变，但其因袭演化的痕迹还依然清晰可寻。
>
> 《山海经》把方名看成是一种神而加以人格化。将四方的神人予以分工，东方、南方的神人管着风的出入，西方、北方的神人管着日月的长短。到《尧典》，则由《山海经》的"司日月长短"的神人演化成了主日月之神的羲和之官，并特别祭祀日的出入。《尧典》明白地以春夏秋冬四时配合了

四方。①

胡厚宣先生的这一认识，得到了许多专家学者的认同。②下面，笔者通过对比《尧典》和《大荒经》中关于四方神名和四方风名的记载，来探讨帝喾的历法成就。

关于四方和四方风名，《大荒经》曰：

> 有人名曰折，东方曰折，来风曰俊，处东极以出入风。（《大荒东经》）③
>
> 有神名曰因，南方曰因，来风曰民，处南极以出入风。（《大荒南经》）④
>
> 有神名曰夷，西方曰夷，来风曰韦，处西北隅以司日月之长短。（《大荒西经》）⑤
>
> 有人名曰鹓，北方曰鹓，来风曰狻，是处东极隅以止日月，使无相闲出没，司其短长。（《大荒东经》）⑥

---

① 胡厚宣：《甲骨文四方风名考》，《责善半月刊》第 2 卷第 19 期。改订稿收入胡厚宣《甲骨学商史论丛初集》时，文章题目改为《甲骨文四方风名考证》。胡厚宣：《释殷代求年于四方和四方风的祭祀》，《复旦学报（人文科学版）》1956 年第 1 期。

② 杨树达：《甲骨文中之四方神名与风名》，载氏著：《积微居甲文说》卷下，中国科学院出版社，1954，第 52—57 页。郑慧生：《商代卜辞四方神名、风名与后世春秋冬四时之关系》，《史学月刊》1984 年第 6 期。李学勤：《商代的四风与四时》，《中州学刊》1985 年第 5 期。冯时：《殷卜辞四方风研究》，《考古学报》1994 年第 2 期。郑杰祥：《商代四方神名和风名新证》，《中原文物》1994 年第 3 期。刘宗迪：《〈山海经·大荒经〉与〈尚书·尧典〉的对比研究》，《民族艺术》2002 年第 3 期等。

③ 袁珂校注：《山海经校注》，上海古籍出版社，1980，第 348 页。

④ 袁珂校注：《山海经校注》，上海古籍出版社，1980，第 370 页。

⑤ 袁珂校注：《山海经校注》，上海古籍出版社，1980，第 391 页。

⑥ 袁珂校注：《山海经校注》，上海古籍出版社，1980，第 358 页。

《大荒经》中的"折""因""夷""鹓"分别是四方神名，"俊""民""韦""狄"分别是四方风名。只要将四方神名与《尧典》中的四"厥民"加以对比，便可发现二者之间存在着对应关系：

东方：东方曰折——厥民析；

南方：南方曰因——厥民因；

西方：西方曰夷——厥民夷；

北方：北方曰鹓——厥民隩。

南方之"因"、西方之"夷"，两者相同。关于东方之"折"与"析"，按《说文》曰："析，破木也。一曰折也。"[1] 可见，"析""折"是相通的。关于北方之"鹓"与"隩"，按《说文》曰："奥，宛也。室之西南隅。"[2] 胡厚宣先生认为，《山海经》说"北方曰鹓"，"鹓"读作"宛"。《尧典》说"厥民隩"，"隩"通"奥"，与"宛"音近，则《尧典》之"隩"和《山海经》之"鹓"相通。[3] 由此可见，《大荒经》和《尧典》中的四方名原本相同，二者之间的差异是由文字演化造成的。在《尧典》中，析、因、夷、隩分别是执掌春分、夏至、秋分、冬至的职官，而在《大荒经》中，这些职官分别被神化为主管东方和春分、南方和夏至、西方和秋分、北方和冬至的神灵。

按照四方神与四厥民之间的对应关系，"鹓"与"隩"主管冬至。关于《大荒东经》中的"鹓，是处东极隅"，袁珂认为："'处东极隅'疑当作'处东北隅'，'东极隅'不成文义。"[4] 笔者认为，袁珂的解读有不妥之处。从历法的角度来看，"处东极隅以止日月，使无相闲出

① [汉] 许慎撰，[清] 段玉裁注：《说文解字注》，上海古籍出版社，1981，第 269 页。

② [汉] 许慎撰，[清] 段玉裁注：《说文解字注》，上海古籍出版社，1981，第 338 页。

③ 胡厚宣：《释殷代求年于四方和四方风的祭祀》，《复旦学报（人文科学版）》1956 年第 1 期。

④ 袁珂校注：《山海经校注》，上海古籍出版社，1980，第 358—359 页。

没，司其短长"应理解为，北方神鹓的职责是控制太阳向南移动的位置，使之在冬至日出时准确到达东方七山南端的特定位置（东南隅）后，返回向北移动。故这里的"东极隅"应更正为"东南隅"。南方神因的职责是控制太阳向北移动的位置，使之在夏至日落时准确到达西方七山北端的特定位置（西北隅）后，返回向南移动。可见，"东南隅""西北隅"分别对应着"日南至""日北至"。《大荒南经》《大荒西经》存在错简，西方神夷的职能"是处西北隅以司日月之长短"和南方神因的职能"处南（西）极以出入风"应当互换。四方神的文字记载应校正为：

> 有人名曰折，东方曰折，来风曰俊，处东极以出入风。
> 有神名曰因，南方曰因，来风曰民，是处西北隅以司日月之长短。
> 有神名曰夷，西方曰夷，来风曰韦，处西极以出入风。
> 有人名曰鹓，北方曰鹓，来风曰狻，是处东南隅以止日月，使无相闲出没，司其短长。

南方神因和北方神鹓都具有"司日月之长短"的职能，这一职能是对太阳南北往返周年视运行的神化，表明帝喾已确定了冬至点和夏至点的位置。需要注意的是，四方神的文字记载，应和四厥民的文字记载一样，也是四组对仗的骈文，东西两方神的文字记载是对仗的，而南北两方神的文字记载却是不对仗的。究其原因，或是南方神因的文字记载有阙文，或是北方神鹓的文字记载有衍文，或是兼而有之。

"出入风"之"风"，应释为季风。出，《说文》释曰："出，进也。象艸木益兹，上出达也。"袁珂对"出入风"的解释是："本为草木，

引申为凡生长之偁。又言外出为内入之反。兹，艸木多益也。日益大
也。"① 从季风的角度来看，"出"应指海洋季风控制下的草木生发状态，
"入"应指大陆季风控制下的草木干枯状态，"出入风"应指季风转换
过程中的平衡状态。东方神折"处东极以出入风"，处于大陆季风向
海洋季风转换过程中平衡态势的春分时节前后；西方神夷"处西极以
出入风"，处于海洋季风向大陆季风转换过程中平衡态势的秋分时节
前后。古人在这一认识的基础上，进一步建立了春分、秋分概念，形
成了对二分二至的认识。

综上所述，在七山体系时代，古人已经认识到太阳在赤道南北两
侧的周期性往返运动形成了四时的变化，并由此建立了与太阳年有关
的一系列概念。如岁长、日南至、日北至等。因为日南至点易于准确
测定，所以成为太阳年的起点，而相邻的两个日南至点之间的周期为
一个太阳年。

第三，《史记·五帝本纪》正义所谓的帝喾"作历弦、望、晦、
朔"表明，帝喾在认识太阳年的同时，通过观察月相认识了朔望月。
确立太阳年和朔望月，为阴阳合历的出现奠定了基础。

观察月相的方法是：在日出或日落时，观察月亮形状（月相）与
太阳的相对位置。在古天文学中，朔日为朔望月的初一，此时的月亮
处于地球与太阳之间，月亮黄经和太阳黄经相同，月亮的阴暗面正对
着地球，故看不到月亮。在这一天，太阳和月亮同时升起，同时落下。
望日在每月的十五日或十六日，此时的地球处在太阳与月亮之间，朝
向地球的月面被太阳完全照亮。太阳升起时，月亮正好没入西方地
平线；太阳落山时，月亮又从东方地平线升起，日月交角为180°。

---

① 袁珂校注：《山海经校注》，上海古籍出版社，1980，第273页。

"弦",这里指上弦月和下弦月。上弦月在每月的初七日或初八日,太阳在西方地平线落下时,月亮正好位于中天,朝向地球的月面有一半被来自西面的太阳照亮,称为"上弦月"。下弦月在每月的二十二日或二十三日,太阳从东方地平线升起时,月亮正好位于中天,朝向地球的月面有一半被来自东面的太阳照亮,称为"下弦月"。上弦月和下弦月的日月交角都是90°。"晦日"是朔日的前一日。可见,帝喾已经建立了朔日、望日、上弦、下弦的四月相概念。其中,"朔日"作为日月交会之日,成为后来的月首。"日南至""朔日"的概念形成以后,就可以取日月合朔于冬至日作为历元。

第四,帝喾建立了东、西、南、北四方。

四方的确定分为两个阶段。第一阶段是建立"四方"概念。在《大荒经》中已经有了国家、高山、河流等的方位记载,说明当时已有"四方"观念。关于东西,帝喾观察日出日落时发现,虽然太阳的位置每天都在移动,但同一天的日出和日落位置的假想连线总是相互平行的。如果把日出日落确定为东西,则太阳周日视运行严格遵循着东升西落的规律,以日出为东,以日落为西。又,太阳的周年视运行是在垂直于太阳升落方向的垂直线上,在日长至与日短至之间做往返运动,这一方向定位为南北,以冬至日(日短至)之所在为南,以夏至日(日长至)之所在为北。后来发展到以立杆测影之法定位四方。最原始的方法是垂直地竖立一根木杆,在冬至之日,日在最南,日影最北,夏至反之。《尧典》所谓的"期三百有六旬有六日"表明,当时的人已能采用立杆测影技术准确地测定冬至日。这就从一个侧面表明,立杆测影技术的发明应不迟于帝尧时代。

第五,帝喾确立了古天文历法的计算单位。

所谓"十日",即十天干。"十二月",即十二地支,或十二辰。

古代算学的十进位制，时间的十二进位制，乃至干支纪年纪月纪日纪时等，均建立在此基础之上。

由此可见，帝喾是当之无愧的阴阳合历时代的开拓者和领导者。帝尧继承了帝喾的事业，完成四中气和四仲中星天象的测定工作，建立了太阳年和八节（立春、春分、立夏、夏至、立秋、秋分、立冬、冬至）。帝尧时代的历法计算是以一日为计量单位，以相邻的两个冬至日之间的日数为一岁，由此测得岁长是三百六十六日。

五帝时代是众多氏族方国构成的氏族联盟社会，帝喾是其中一代著名领袖。《山海经》中留下了这一时代的许多痕迹，如《大荒东经》中"日月所出"七山的位置都在"东海之外，大荒之中"。《山海经》中关于帝喾家族的记载有：

> 有中容之国。帝俊生中容。
> 有司幽之国。帝俊生晏龙，晏龙生司幽，司幽生思士。
> 有白民之国。帝俊生帝鸿，帝鸿生白民。
> 有黑齿之国。帝俊生黑齿。
> 东荒之中，有山名曰壑明俊疾，日月所出。有中容之国。①

中容、司幽、白民、黑齿等国，都是由帝俊子孙建立的诸侯方国。其中，中容国就在东方"日月所出"七山中的壑明俊疾山附近，属于帝喾的活动区域。

又，在《大荒经》中还提到帝喾的两个妻子羲和与常羲。《大

---

① 袁珂校注：《山海经校注》，上海古籍出版社，1980，第344、346、347、348、356、357页。

荒南经》曰："东南海之外，甘水之间，有羲和之国。有女子名曰羲
和……羲和者，帝俊之妻，生十日。"《海外东经》对羲和浴日的"汤
谷"的描述是：

> 下有汤谷，汤谷上有扶桑，十日所浴，在黑齿北。[①]

《海外东经》中的"黑齿"，就是《大荒东经》中的黑齿国。由此
推测，羲和浴日的汤谷就在黑齿国北方。

关于常羲，《大荒西经》曰："有女子方浴月。帝俊妻常羲，生月
十有二。"[②]《大戴礼记·帝系》中记载的帝喾的四位夫人分别是：

> 帝喾上妃有邰氏之女也，曰姜嫄氏，产后稷；次妃，有
> 娀氏之女也，曰简狄氏，产契；次妃曰陈隆氏，产帝尧；次
> 妃曰陬訾氏，产帝挚。[③]

关于陬訾氏，历代注家的解释是：

> 《汇校》○孔广森曰：《檀弓·正义》作："次妃陬氏之
> 女，曰常宜。"○汪照曰：娵訾或作陬訾，常仪作常娥，又
> 作尚仪。○王树楠曰：次妃陬氏之女曰常仪，生挚。《集注》
> ○王聘珍曰：《艺文类聚》引《世本》云："陬訾氏之女曰常
> 仪，生帝挚。"[④]

---

① 袁珂校注：《山海经校注》，上海古籍出版社，1980，第260页。
② 袁珂校注：《山海经校注》，上海古籍出版社，1980，第404页。
③ 黄怀信等：《大戴礼记汇校集注》，三秦出版社，2005，第800、802页。
④ 黄怀信等：《大戴礼记汇校集注》，三秦出版社，2005，第802、803页。

　　陬訾氏之女为帝喾次妃，名曰常宜（又作常娥、尚仪、常仪）。"常""尚"相通，"宜""仪""羲"相通，故与帝俊妻常羲应为同一人。

　　由此可见，《大荒经》诸篇描述的广大地域，都在帝喾的统治范围之内。帝喾开创了观测日月、创建历法的伟大事业，被后人神化为日月之父。羲和与常羲作为帝喾的妻子，则被神化为十日、十二月之母。析、因、夷、鹓等人也应参与帝喾的历法事业、而被神化为四方之神。

　　关于《山海经》的成书，清郝懿行《山海经笺疏叙》曰：

　　《艺文志》不言此经谁作，刘子骏《表》云："出于唐虞之际。以为禹别九州，任土作贡，而益等类物善恶，著《山海经》。"王仲任《论衡》、赵长君《吴越春秋》亦称禹、益所作。《颜氏家训·书证篇》云："《山海经》禹、益所记，而有长沙零陵桂阳诸暨，由后人所羼，非本文也。"今考《海外南经》之篇，而有说文王葬所，《海外西经》之篇，而有说夏后启事。夫经称夏后，明非禹书；篇有文王，又疑周简：是亦后人所羼也。《尔雅》亦云："从释地已下至九河皆禹所名也。"观《禹贡》一书，足觇梗概。因知《五藏山经》五篇，主于纪道里、说山川，真为禹书无疑矣。而《中次三经》说青要之山云："南望墠渚，禹父之所化。"《中次十二经》说天下名山，首引"禹曰"。一则称禹父，再则述禹言，亦知此语，必皆后人所羼矣。[①]

----

　　① 袁珂校注：《山海经校注》，上海古籍出版社，1980，第483—484页。

　　由刘歆《山海经表》"出于唐虞之际"可知,《山海经》中的史料来自帝尧时代。尧年轻时开始参与帝喾的历法事业,治水期间又系统地为域内的山、河命名,故《尧典》中出现了许多与古天文历法、地理现象有关的记载。禹、益等将相关史料整理成文,形成《山海经》的祖本。而祖本中的一些历史事件,则成为《古文尚书》《竹书纪年》等编年体史书的主要素材。西周后期,由于王室衰落,畴人、史官流落民间,导致文字和文化知识的下移与普及。诸子百家时代,出现神话这一文学样式之后,有人以《山海经》祖本为底本,加以改编扩充,编成具有神话色彩的《山海经》。虽然其中多有"后人所羼",但仍然留存了许多早期的珍贵史料。

　　王国维在研究殷墟卜辞时,发现了殷人祭祀先祖帝喾的最早记载:

　　　　卜辞有"夋"字,其文曰"燎于夋,六牛"(《殷墟书契前编》卷七第二十叶),又曰"于夋燎牛六",又曰"贞:求年于夋,九牛"(两见,以上皆罗氏拓本),又曰:"(上阙)又于夋(《殷墟书契后编》卷上第十四叶)"。此称高祖夋,必为殷先祖之最显赫者。以声类求之,盖即帝喾也。诸书作喾或俈者,与夒字声相近,其或作夋者,则又夒字之讹也。《山海经》屡称帝俊。[1]

陈梦家先生亦曰:

　　　　《山海经》中的帝俊是天帝。故帝喾或作"帝俈",和

---

[1]　王国维:《殷卜辞中所见先公先王考·夋》,载傅杰编校:《王国维论学集》,中国社会科学出版社,1997,第16—17页。

"少皞"俱是上帝。①

帝喾四子中，商人始祖是契，周人始祖是后稷，故帝喾是殷周两族的共同始祖。因此，《礼记·祭法》称"殷人禘喾而郊冥，祖契而宗汤。周人禘喾而郊稷，祖文王而宗武王"。②

王晖先生亦指出：

> 商代是完全把太阳神视作上帝来崇拜的时代。……商人认为代代相传的商王室贵族均是十日之子，商王的众日之父是殷人高祖帝喾。帝喾及其妻子羲和常羲既是商族的祖先神——高祖高妣；又同时为自然神上帝——日月的父母。因此，殷人的上帝崇拜是把祖先神与自然神合为一体的。③

殷商时期的祭祀出日、入日、出入日等，④都是对帝喾观测日出日落行为的祭祀。祭祀日神羲和、月神常羲、四方神和四方风神等，都集中体现了殷人对上天和先祖的宗教信仰。

郭沫若先生特别关注"出入日"的祭祀。他说：

> 殷人于日之出入均有祭。《殷契佚存》有卜辞云："丁巳卜又出日。丁巳卜又入日。"此之"出入日，岁三牛"为事正同。唯此出入日之祭同卜于一辞，彼出入日之侑（有）同

---

① 陈梦家：《殷墟卜辞综述》，中华书局，1988，第574页。
② 李学勤主编：《礼记正义》，北京大学出版社，2000，第1292页。
③ 王晖：《论商周秦汉时期上帝的原型及其演变》，《中国历史博物馆馆刊》1999年第1期。
④ 陈梦家：《殷墟卜辞综述》，中华书局，1988，第573页。

卜于一日，足见殷人于日盖朝夕礼拜之。《书·尧典》"寅宾出日"又"寅饯入日"分属于春秋。礼家有"春分朝日，秋分夕月"之说，均是后起。[①]

郭沫若先生所谓的"出入日"，是在同一天"朝夕礼拜之"，与《尧典》和礼家的祭法显然不同。"出入日"之祭应源于帝喾的"历日月而迎送之"。

四、历法要素和二十八宿体系的形成

"帝喾序三辰"标志着我国古代历法由观象授时时代进入阴阳合历时代。这一时期的历法成就，是建立了有关太阳年和朔望月的一系列概念、参数、测量方法，等等。如岁长是指以日数标记的两个相邻的冬至日间的长度，《尧典》中记载的岁长是三百六十六天。节气包括四立：立春、立夏、立秋、立冬；四分：春分、夏至、秋分、冬至；合之而为"八节"。此外，帝喾还创建了四时的孟仲季的纪月方法，以二分二至正定四仲之月作为置闰规则。需要指出的是，由于日光的照射太强，掩盖了天空中的其他星体，所以日在的位置是不能直接观测的，日月交会的朔日位置同样也不能直接观测得到。对此，陈久金先生指出：

> 由于太阳的位置是不能直接观测的，必须通过偕日出、偕日没的星象间接推得。如果日月所经的星空熟悉，知道了残月和新月所在的恒星位置，就能较容易地推得日月交会的

① 郭沫若：《殷契萃编》，科学出版社，1988，第355页。

位置。这就首先要求人们具有对于日月所行天区的恒星知识，由此促进了二十八宿概念的产生。

　　"朔日"的概念如何得到？通过观测残月和新月的日期，取其中间的日子，自然能得到朔日的大概日期。[①]

"日在"可以通过观测"偕日出""偕日没"的天象间接推得。所谓"偕日出"，是指黎明前出现在东方地平线上的黄赤道星宿，也称为"朝觌"或"晨见"，它引导着太阳在地平线上逐渐升起，星宿的光芒随着日出而逐渐隐没。所谓"偕日没"，是指夜幕初降之时出现在西方地平线上的星宿，又称为"昏见"，星宿的光芒随着日落而逐渐隐没。这两个星宿都位于日月运行的天区之中，属于二十八宿，日在的位置就在两者之间。只要熟悉黄赤道天区的星宿分布，就可以确定日在二十八宿中的位置，称为"日在 × 宿"。

　　"朔日"的测定涉及"新月""残月"这两个月相概念。"新月"又称为"朏"，是每月可以见到月亮的第一个夜晚，通常是在初三。"残月"是每个月可以见到月亮的最后一个夜晚，通常在每月的月末，即"晦日"的前一天。在残月和新月之间，晦日、初一、初二这三天看不到月亮，因此，古人就把初一定为朔日，作为月首。这样一来，朔日和望日刚好把一个朔望月二等分，朔望月的称谓由此而来。如果再考虑到上弦月（通常在初七、初八）和下弦月（通常在二十二、二十三）的位置，就可以构成一个朔望月完美的四等分。如图4-2。正如一个太阳年以二分二至四等分一样，其也符合古人的"两仪生四象"的历法思想。需要注意的是，由于帝喾的时代，人们认为岁长为整数

　　① 陈久金：《历法的起源和先秦四分历》，载中国天文学史整理研究小组编：《科技史文集》第一辑《天文学史专辑》，上海科学技术出版社，1978，第14页。

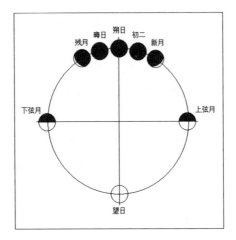

图 4-2 早期的朔日观测方法

日，朔望月也不是 29.5 日，故当时的朏日通常在初三，有时在初二。

古人通过长期观测日在和朔日发现，日月相会于朔日，日食也发生在朔日。由于在占星术的体系中，日寓意人间的君主，日食寓意着君主遭遇灾难，所以古人不仅重视对日食的观测，而且很早就创建了制度化的禳灾之法。《夏书·胤征》中记载的"仲康日食"，即为一例。

"大衍之数五十"的天道内涵是"十日、十二辰、二十八宿"，其充分表明至迟在文王演周易之时，时人已经认识了"二十八宿"。二十八宿是位于黄赤道附近的、分布于周天且便于观测的二十八个星座，四方各七，在古圣贤创建阴阳合历的过程中用作观测日、月运行的星空背景和参考系。太阳沿黄道运行，月亮沿黄道附近的白道运行，用作观测日、月运行位置的二十八宿通常位于日月行经的天区——黄赤道附近。帝喾、帝尧在观测日月运行时所选择的恒星参考系，应是当时距离黄赤道最近的一组二十八个星宿，后世所用的二十八宿，应该是帝喾父子时代传承下来的。赵永恒、李勇先生的研究指出：

在以下计算中，岁差改正使用国际天文学会(IAU)推荐的 P03 模型，二十八宿中的恒星的坐标和自行数据取自依巴谷星表。

由于岁差的影响，二十八宿在天球赤道坐标系中的位置（即赤经和赤纬）是随年代而变化的，星宿离赤道的距离（赤纬）也随之变化，而星宿离黄道的距离（即黄纬）则变化甚小。因此，二十八宿与黄道相合的宿数几乎不随年代而变化，在黄道上的只有角、氐、房、井和鬼五宿；二十八宿与赤道相合的宿数则随年代而改变。因此，二十八宿与赤道相合的宿数最多的年代可以作为二十八宿体系形成的年代。

可以看到，在公元前 6000 年至公元前 5000 年间，无论是二十八宿与赤道和黄道相合的宿数，还是月舍宿数和对偶宿数，都达到了局部极大值。

二十八宿体系的形成年代在公元前 5670 年前后。

《尚书·尧典》记载了著名的四仲中星，四仲中星是用昏中星来表示的。在四仲中星里，虚宿和昴宿是很明确的，"冬至日在虚"，"春分日在昴"。夏至日在星宿，秋分日在大火，是指氐、房二宿。年代范围为公元前 2494 年至公元前 2176年。①

以上是用现代科技手段计算和考证的结果，虽然仅涉及虚、昴、星、大火等星宿，但考虑到《尧典》是帝尧一生为政事迹的记载，并非古天文历法专著，据"历象日月星辰"一段记载推断，作为观测日

① 赵永恒、李勇：《二十八宿的形成与演变》，《中国科技史杂志》2009 年第 1 期，第 111—116 页。

月运行轨迹的星空背景的黄赤道恒星参考系,在帝喾、帝尧时代已经形成。这一体系可以视为早期形态的"二十八宿体系"。

从夏代文献的记载来看,当时出现的二十八宿中的星宿包括:《夏书·胤征》"乃季秋月朔,辰弗集于房"中的房宿,[①]《夏小正》中的"鞠——虚宿一;参——参宿二;昴宿;大火——心宿二"。其中,辰,应指房宿一、心宿二或尾宿二,也可以是它们的合称。[②]

陈邦怀先生通过考证殷墟甲骨文和商代金文,发现被用作族徽的二十八宿有:

> 东宫苍龙:角、亢、房、心;
> 南宫朱雀:井、柳、轸;
> 西宫白虎:奎、胃、昴、觜;
> 北宫玄武:女、虚。[③]

沈建华先生进一步考证得出,"殷人将星宿结合先祖先王举行祭奠,而这种始受天命的发源是从星象观察开始的。殷人把星宿天象视为天命的显示",借以证明受命于天。殷人祭典中出现的星宿有:

> 东宫苍龙:龙、南门(亢)、心、房、尾、箕、角;
> 南宫朱雀:鸟、星、酉(柳)、異(翼)、轸;
> 西宫白虎:参(又名伐)、西仓(胃)、奎、此(觜)、卯(昴)、毕;

---

① 李学勤主编:《尚书正义·胤征》,北京大学出版社,1999,第 183 页。
② 陈美东:《中国科学技术史·天文学卷》,科学出版社,2003,第 13 页。
③ 陈邦怀《商代金文中所见的星宿》,载中华书局编辑部编:《古文字研究(第八辑)》,中华书局,1983,第 9—14 页。

北宫玄武：牵（牛）、虚、斗。[1]

综合殷墟甲骨卜辞和商代金文的记载，去除别称和有争议的南门之后，共有二十一宿。常见的主要星宿都已经包括在内。当时实际应用的星宿应该更多，但是因为此前的历史文献流传下来得太少了，以致无法看到当年的全貌。尽管如此，我们仍可以估计，二十八宿体系至迟在殷商时代已经完备。

五、干支纪时

从科学视角来看，不但要有文字，还要有确定年月日的计量要素和计量方法，才能建立明确的时间概念，记录长期的天文观测结果，研究日月星辰的运行规律。因此，"序三辰"不但可以理解为观测和认识日、月、星三辰的出没规律，还可理解为创建了原始的时间计量要素和计量方法：日以十天干纪之，月以十二地支纪之。由于日月是古人崇拜的神灵，人们出于对天神的信仰，以干支作为专用的神圣符号来纪日和纪月，这样就诞生了特殊的天干地支纪时方式，奠定了纪时和历法的基础，并且构建了古代时空体系。天干地支作为日月的符号，因此具有神性，后世的祭祀、历法和"三易"的卦爻辞等涉及天神信仰的记载均采用这一方式，由此演绎出许多神话故事。

关于十天干纪日，《左传·昭公五年》曰："日之数十，故有十时，亦当十位。"杜预注曰："甲至癸。"[2]《昭公七年》曰："天有十日。"[3]是

---

① 沈建华：《甲骨文中所见廿八宿星名初探》，载氏著：《初学集：沈建华甲骨学论文选》，文物出版社，2008，第3—20页。

② 李学勤主编：《春秋左传正义》，北京大学出版社，1999，第1213页。

③ 李学勤主编：《春秋左传正义》，北京大学出版社，1999，第1237页。

以十日为一旬，以甲、乙、丙、丁、戊、己、庚、辛、壬、癸十天干纪之。

十二地支又称十二辰，十二辰纪时有三义。

第一为朔望月，月行一周天，遍历二十八宿，月圆月朔十二度，故农历一年十二月，《礼记·月令》记载有十二月天象。

第二为"斗柄建辰"（简称"斗建"），北斗绕行北天极周年视运行一周为一个回归年，以其斗柄指向十二辰的方向纪月。[①] 十二辰的定位方法是，以正北为子，以地平方向的东、西为卯、酉，如图 4-3 所示。

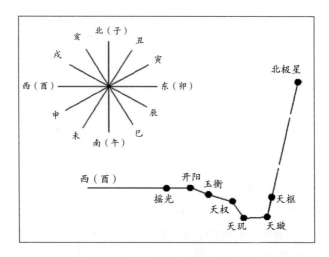

图 4-3 斗柄建辰

斗柄指向是指位于北斗斗柄末端的开阳和摇光两星连线延长线所指的方向。当斗柄指向正北的"子"时，称为"建子"，为夏历十一月。同理，建丑为十二月，建寅为正月等。《夏小正》曰："正月，初

---

① 陈遵妫：《中国天文学史》，上海人民出版社，2006，第 497 页。

昏参中，斗柄悬在下。六月，初昏，斗柄正在上。"① 可见，斗柄建辰的起源相当久远。

第三为"岁星纪年"。古代以岁星（木星）十二岁行一周天，岁移一辰，用以纪年以及占星。②

《周礼·春官宗伯》曰：

> 冯相氏掌十有二岁、十有二月、十有二辰、十日、二十有八星之位，辨其叙事，以会天位。冬夏致日，春秋致月，以辨四时之叙。

> 保章氏掌天星，以志星辰日月之变动，以观天下之迁，辨其吉凶。以星土辨九州之地，所封封域，皆有分星，以观妖祥。以十有二岁之相，观天下之妖祥。以五云之物，辨吉凶、水旱降丰荒之祲象。以十有二风察天地之和，命乖别之妖祥。凡此五物者，以诏救政，访序事。③

"十有二岁""十有二月""十有二辰"分别为"岁星纪年"、十二月天象和"斗柄建辰"。三者的基本纪时要素都可归结为十二辰。这就表明至周公制礼时代，由十天干、十二辰（地支）和二十八宿构成的三辰体系已经被纳入周王朝的礼仪体制，并用于天文观测和占星。

朔望月还有一种纪月方法，即把一年划分为四季，每季三个月，依次以孟、仲、季名之。由于这种纪月方式以《月令》篇闻名于世，故又称为"《月令》纪月法"，或"《月令》法"。每一季的第二个月称

---

① 黄怀信等：《大戴礼记汇校集注》，三秦出版社，2005，第179—181、262页。
② 陈美东：《中国科学技术史·天文学卷》，科学出版社，2003，第61—64页。
③ 李学勤主编：《周礼注疏》，北京大学出版社，1999，第700—709页。

为"仲月",是四中气所在之月。这一记载最早出现于《尚书·尧典》。其文曰：

> 历象日月星辰，敬授人时。日中星鸟，以殷仲春；日永星火，以正仲夏；宵中星虚，以殷仲秋；日短星昴，以正仲冬。期三百有六旬有六日，以闰月定四时成岁。[1]

《礼记》《逸周书》《吕氏春秋》等传世文献中也有类似的记载。从《尧典》的记载来看，这种纪月方式用于建立置闰规则，即确保四中气在相应的四仲之月。此外，由于当时各诸侯国分别采用夏历、殷历、周历，月份的不同不利于农业生产安排，故统一采用《月令》法非常必要。

六、对于古代历法发展阶段的重新认识

由中国天文学史整理研究小组编写的《中国天文学史》一书，对于古代历法的发展阶段作出如下阐释：

> 依靠观测斗柄或某些确定恒星的出没、南中天来决定时令季节、制订历法的方法，称之为观象授时。[2]
>
> 从长时期的观象授时经验中，人们已经能觉察到太阳在星空间的位置是在不断变化的。要制定精确的历法，就应该观测太阳、月亮在星空间的运动。以春秋后期出现的四分

---

[1] 李学勤主编：《尚书正义》，北京大学出版社，1999，第29—34页。
[2] 中国天文学史整理研究小组编：《中国天文学史》，科学出版社，1981，第8—9页。

历——一种回归年长度为 365.25 日，并用十九年七闰为闰周的历法为代表，标志着历法已经摆脱了对观象授时的依赖而进入了比较成熟的时期。这就意味着人们可以根据已经掌握的天文规律来预推未来的历法而不致发生悬殊的偏差。[①]

陈久金先生指出：

> 春秋时代大致是处于从观象授时到制定科学历法的过渡时代，我国古代的观象授时，从原始社会的末期至春秋前期，大约经历了数千年的历史。在这数千年中，都以随时观察星象的出没来定农事季节。春秋时代前期，大约是我国古代观象授时的最后阶段。通过长期的观测资料的积累，就能求得一个较精密的回归年长度。十九年七闰规律的掌握，首先可能是通过不断测定冬至，又将冬至恒定安排在正月的情况下发现的。这在历法发展史上是一个巨大的跃进，使人们从不断进行观象授时中解脱出来，进化到能主动地按科学规律编算历法的关键一步。一旦有意识地把以上法则结合起来安排年月日，科学的历法便产生了。[②]

上述两段引文均将古天文历法发展过程划分为观象授时和推步历法两个阶段，并以春秋后期的古四分历作为最早的推步历法，实现了由观象授时向推步历法的转变。

---

① 中国天文学史整理研究小组编：《中国天文学史》，科学出版社，1981，第 23 页。
② 陈久金：《历法的起源和先秦四分历》，载中国天文学史整理研究小组编：《科技史文集》第一辑《天文学史专辑》，上海科学技术出版社，1978，第 16—18 页。

笔者认为，如此划分古代历法发展阶段颇值得商榷。因为由"星历"到推步历法的问世，其间必然经历一个相当长的、既区别于前者也不同于后者的历史时期。按照《中国天文学史》一书的认识，在观象授时阶段中，"观测斗柄或某些确定恒星的出没、南中天来决定时令季节、制订历法"，是指以北斗和黄赤道附近的恒星作为观测对象，来确定农事季节，并制定历法——"星历"。"星历"是天象观测的记录。《礼记·月令》是一年十二月的完整星历。星历中还有许多天象散见于先秦典籍之中，如《尧典》的四仲中星、《易·乾卦》的"见龙在田"、《诗经·鄘风》的"定之方中"、《左传·昭公三年》的"火中，寒暑乃退"等。"星历"的主要功能是通过观察特定天象的出没规律来安排农事，或者与季节直接相关的祭祀和其他事项。星历只是关于天象及其对应的物候现象观测结果的简要、直观的记载，没有纪时功能和历法推算。

在社会发展到一定阶段之后，对日趋复杂的社会事务需要计划和管理，对于已经发生的事件需要记载、研究，由此产生了对年、月、日的纪时需求，并且通过对太阳和月亮运行规律的观测和分析计算来编制历法，这就是阴阳合历诞生的历史背景。我们根据《中国天文学史》中的相关论述，对推步历法作出如下定义：

> 通过观测太阳、月亮在星空中的运动状态，并根据已经掌握的天文规律来预推未来的、涵盖一年或更长时段的历法，对年、月、日、节气等历法参数作出合理安排，称为"推步历法"。

历法的精确度取决于观测手段和太阳年的最小计量单位。我国古代历法是通过观测日的运行来确定太阳年和节气，通过观测月相和月的运行来建立朔望月，同时又创建某种规则使日月的运行规律相合，这样的历法就被称为"阴阳合历"。它与观象授时所建立的星历相比，无论是历法的功能、天文观测体系，还是制历方法、实际应用的社会阶段，都有本质的不同。因此，两者分属于不同的社会阶段和历法阶段。从这一认识出发，古天文历法应划分为三大历史阶段，依次是观象授时阶段、阴阳合历阶段、推步历法阶段。

第一阶段是观象授时阶段。所谓"观象授时"，是指古人类认识到黄赤道附近某些亮星的出没规律，与大地四时的周期性变化之间具有特定的对应关系。这是尚处于蒙昧时代的远古人类对四时的感性认识，尚未认识到四时的本质。观象授时阶段的后期诞生了"星历"，星历是以北斗和黄赤道附近恒星的天象来确定时节。观象授时阶段大约开始于由渔猎社会向农耕社会转变的时期，中间经过以农业为主的神农氏时代，其标志是耒耜等农具的应用，大约结束于帝喾时代。星历是观象授时成就的总结，主要用于农业生产，以及与季节有关的祭祀和其他事项。

第二阶段是"阴阳合历"阶段，或称"前推步历法时代"。太阳对四时的决定性影响并付诸实施，是开启这一时代的历史性事件，在文献中称为"帝喾序三辰"，在《创世神话》中称为"帝夋生出日月"。从《山海经·大荒经》记载的"七山体系"观测日月出入开始，到帝尧的"历象日月星辰"，创建了一系列历法概念、定义、参数以及测量方法。作为观测的基础，建立了东、南、西、北四方，然后测定表示太阳运行周期性的岁长（古代历法中称为"岁实"，今天称为"平太阳年"），建立春分、夏至、秋分、冬至的四中气，通过天文观测，确立了"四仲中星天象"与四中气之间的对应关系，建立了岁首和月首的概念，提出了置闰的必要性，并以四中气正定四仲之月作为置闰规则，建立了日月运行的参考系——早期形态的二十八宿体系等。上述种种都是创建推步历法不可或缺的前提和基础。当然，对这些概念和要素的准确测定，有关规则的确立（例如岁首、月首和置闰规则等），以及将它们实际应用于推步历法，需要一个相当长的时期。总的来说，尽管这一时期的历法成就很多，但仍然不具备完成推步历法的必要条件。鉴于这一阶段在本质上既区别于"观象授时"，也区别于"推步历法"，笔者将其视为一个独立的历法发展阶段，并命名为"前推步历法时代"。因为这一时期涉及大量的天文观测，所以也是"天文测量时代"的开始。这时的古人类大体已经进入以农耕文明为主的氏族社会，在社会规模日益扩大、分工越来越细、社会管理日趋复杂的情况下，人们不再是按照星历，年复一年地安排生产和生活，而是需要建立较长时间的年月日纪时，来有计划地管理社会。质言之，社会发展推动了历法的进步，促成了推步历法的问世。

这一时代始于帝喾时代前后，结束于殷周之际的第一部推步历法——古《周历》的诞生。

第三阶段是推步历法阶段。对于平气和平朔的早期推步历法而言，[①]建立置闰规则以及找到一个合理的、便于计算和测定的历元是至关重要的。以四中气正定四仲之月的置闰规则，受限于天文观测和历法参数的粗糙，到殷商后期才得到实际应用。按照"改正朔"的天命观，在夏商周三代依次有夏正建寅、殷正建丑、周正建子作为建立岁

---

① 从现代科学的层面来看，节气是根据地球在黄道上的位置变化来划分的，以春分点为黄经 0 度，把黄经一周 360 度按照 24 等份来划分，每份 15 度，为一个节气。由于地球公转是不均匀的，所以节气之间不是等距的。但是古人通过将测定的岁长分为八等分或二十四等分来建立节气，故称为平气。相类似的是，月亮的运行也是不均匀的，但古人视为等距，故称此时的日月交会点为平朔。

首的历法规则。冬至日在最南，日影最长，是一个最容易准确观测的节气。按照"周正建子"制定的历法，以日月合朔于冬至日作为历日计算的起点，经过若干年之后，再次回到日月合朔于冬至日的状态。这一周期称为闰周，古代历法中又称为"章"。一章所含之岁称为"章岁"；所含之月称为"章月"。这就是时人计算出来的太阳年和朔望月的最小公倍数，是闰月设置的最佳方案。当时的岁实是 366 日，是一个整数。受到当时科技水平、认识水平的制约，仍是以"日"作为最小计量单位。章岁为五岁，是古代所有推步历法中最短的章岁。以一章之首月首日为历元，可以极大地降低天文观测和推步计算的难度。以文王为代表的周民族杰出人物按周正建子，以日月合朔于冬至日为历元，以五岁为闰周，以四中气正定四仲之月为置闰规则，创建了我国古代第一部推步历法——古《周历》。自此以后，中华民族摆脱了观象授时的束缚，跨入用科学方法推算历法的新时代。古《周历》初创于文王，但形成一个较为规范和能够较长时间应用的历法，以建立西周时代的颁朔制度，可能开始于周公制礼之后。

当然，最初的推步历法涉及的历法参数很不精确，二十八宿参考系非常粗糙，宿度的概念还没有建立，又处在以"日"作为岁长的最小计量单位的时代，当时的人无法精准地创建历元。这样的历法结果只能在比较短的时间内适用，多则两三年、少则几个月，就要根据实际的天文观测结果进行校正。西周历法大约就处在这样的历史阶段，需要经过一个比较长的发展阶段，才能逐步变得更为准确和适用于长期使用。尽管如此，章岁和历元概念的诞生和应用，最终导致颁朔制度的诞生，这是具有划时代意义的一个重大事件。颁朔制度推行后，人们可以计算和编排时间，记载和编撰长期且系统的历史，传承文化和知识。

七、本章重要结论

Ⅰ.《创世篇》作为创世神话，决定了中华民族文化形成的思维模式和心理原型，可以视为中华文化形成的深层基因。《创世篇》的中心思想是日、月、星三辰创生天地万物。在古人看来，是上天让日月星辰赋予人类光明和温暖，给大地带来四季，创生万物，造就了自身生存的基本条件。日、月、星三辰具体化为十日、十二辰、二十八宿，并由此成为天道运行的五十要素，故被称为"大衍之数"。"大衍"者，创造和衍生天地万物也。

Ⅱ.帝喾对古代历法的贡献：

第一，帝喾认识到是太阳的运行规律决定了大地的春、夏、秋、冬四时，由此建立太阳年的理念。并以东西方地平线上南北走向的高山（七山体系）作为观测日出日落的地面参照物，实现了对太阳运行位置的长期观测。

第二，帝喾完成了太阳周年视运行中的日南至和日北至位置的观测，又通过认识中华大地季风气候的特征，建立了春分、秋分概念，确立了二分二至，奠定了测量太阳年长度和建立节气概念的基础。

第三，帝喾在观测太阳的同时，观察月亮形状及其相对于太阳出没的运行规律，提出"弦、望、晦、朔"的月相概念，建立朔望月纪时，从而奠定了阴阳合历的基础。

第四，帝喾建立东、南、西、北四方。

第五，帝喾确立了古天文历法的计算单位——十日、十二辰的干支纪时体系。

第六，帝喾建立了早期形态的二十八宿体系，作为观测日月运行的参考系。

Ⅲ.《山海经·大荒经》中关于东西方七山日月出入等的记载，是帝喾观测日月、创建历法等行为的反映。鉴于帝喾的这一伟大贡献，殷商时代出于对天和祖先的宗教信仰，将帝喾神化为天帝和日月之父，将羲和、常羲神化为日月之母，并将其他有关人员神化为四方神和四方风神等。

Ⅳ. 中国古天文历法可以划分为以下三个重要的发展阶段：

以伏羲观天法地为代表的观象授时阶段，认识到黄赤道恒星的出没规律与大地四时的周期性变化之间存在对应关系，从而实现了观象授时。在这一阶段后期，为满足农业生产的需要而创建了星历。观象授时阶段属于古人类对四时的感性认识阶段。

帝喾认识到太阳的运行决定了大地的四时变化，这是古人对四时从感性认识上升到理性认识的阶段，由此进入"阴阳合历阶段"（或前推步历法时代）。在这一历史时期，从《山海经·大荒经》记载的"七山体系"观测日月出入开始，到帝尧的"历象日月星辰"，其间创建了一系列历法概念、定义、参数以及测量方法，取得了一系列历法成就，奠定了推步历法的基础。阴阳合历阶段，人类社会大体进入以农耕文明为主的氏族社会，社会发展推动了历法的进步，促成了推步历法的问世。

以文王为代表的推步历法创建阶段，按周正建子，以日月合朔于冬至日为历元，以五岁为闰周，以四中气正定四仲之月为置闰规则，创建我国古代第一部推步历法——古《周历》。自此以后，我国先民对日月运行的理性认识进入实际应用的阶段。

V. 我国先民在测定日月运行参数的同时，逐步完善并最终完成了二十八宿体系。二十八宿体系基本完成的时间，应不迟于殷商后期。

第五章

论「三正」之说

近代以来，有不少学者认为，"三正"说最早为汉儒所提出。如司马迁《史记·历书》曰：

> 夏正以正月，殷正以十二月，周正以十一月，盖三王之政若循环，穷则返本。天下有道，则不失纪序。无道，则正朔不行于诸侯。①

董仲舒《春秋繁露·三代改制质文》曰：

> 《春秋》曰："王正月。"传曰："王者孰谓？谓文王也。曷为先言王而后言正月？王正月也。"何以谓之王正月？曰："王者必受命而后王。王者必改正朔，易服色，制礼乐，一统于天下。所以明易姓，非继人，通以己受之于天也。王者受命而王，制此月以应变，故作科以奉天地，故谓之王正月也。"②

---

① [汉]司马迁撰，郭逸等标点：《史记·历书》，上海古籍出版社，1997，第1045页。

② 苏舆撰，钟哲点校：《春秋繁露义证·三代改制质文》，中华书局，1992，第184—185页。

汉班固曰：

> 王者受命必改朔何？明易姓，示不相袭也。明受之于天，不受之于人，所以变易民心，革其耳目，以助化也。故《大传》曰："王者始起，改正朔，易服色，殊徽号，异器械，别衣也。"是以禹舜虽继太平，犹宜改以应天。王者改作乐，必得天应而后作何？重改制也。《春秋瑞应传》曰："敬受瑞应而王，改正朔，易服色。"《易》曰："汤武革命，顺乎天而应乎民也。"……《尚书大传》曰："夏以孟春月为正，殷以孟冬月为正，周以仲冬月为正。"①

牛继清先生对"三正"说提出了不同认识：

> "三正"的说法由来甚久，历代学者习沿旧说，不以为非。只是到了现代，有些学者才开始大胆怀疑并推翻"三正说"。洪业在其《春秋经传引得·序》里根据他对春秋日食现象的研究得知："周之正月建于所谓子者，固多；然亦有建于丑者，甚至有建于亥者。……然则三正之说，不攻自破。"钱宝琮先生也依靠《春秋左传》所记历法情况推论出："三正说"不是夏商周三代的历法。顾颉刚、刘起釪二位先生引用冯徵、洪业对春秋历法研究的成果并参照甲骨文中所（见）商代历法，得出结论："可知东周时历法还在演变中，不能简单地说它就是建子。至于甲骨文中所见商代历法更较原始，

---

① [清]陈立撰，吴则虞点校：《白虎通疏证·三正》，中华书局，1994，第360、361、363页。

还没有以十二支代表各月，根本谈不到建首者是什么，夏代就更渺茫了。可知'三正'的说法完全没有历史事实作根据，是非科学的东西，完全是汉儒的臆说。"

现在看来，这些学者的研究成果基本上是正确的，三代实行三正的说法，应当予以否定。①

"三正"说，必然涉及夏商周三代的历法。反对者的观点，归根结底与他们对古代历法起源和发展过程的认识有关。在本书第四章之六中提及的由中国天文学史整理研究小组编写的《中国天文学史》，将"古天文历法发展过程划分为观象授时和推步历法两个发展阶段，并以春秋后期的古四分历作为最早的推步历法，实现了由观象授时向推步历法的转变"。② 这一认识本身就是把夏、商、西周的历法简单地划入观象授时阶段，不存在所谓的"三正"和"正朔"，更遑论"改正朔"了。

许多天文史家认为，直到西周晚期，古代历法才开始进入由"朏"演变为"朔"的过程。③ 换句话说，直到西周晚期，古代历法才有可能进入"朔望月"时代，夏商以及西周晚期的历法都处于以"朏"为月首的观象授时时代，并未进入科学历法阶段。在夏商周断代工程中，专家组成员之所以对"四月相"的定义存在很大的争议，根本原因就是他们对西周历法乃至对于建立在历法基础上的周王朝的礼乐制度存

---

① 牛继清：《"夏正""商正"辨正——附论"三正说"》，《固原师专学报》1995 年第 3 期，第 39、40 页。其中洪业之说见《春秋经传引得·序》，上海古籍出版社，1983，第 9 页。钱宝琮之说见《从春秋到明清的历法改革》，《历史研究》1960 年第 3 期。顾颉刚等之说见《〈尚书·汤誓〉校释译论》，《中国史研究》1979 年第 1 期。

② 赵沃天：《天道钩沉——大衍之数与阴阳五行思想探源》，九州出版社，2022，第 130—132 页。

③ 陈美东：《中国科学技术史·天文学卷》，科学出版社，2003，第 36 页。

在着不同的认识。我们由此注意到，作为"夏商周断代工程"阶段性成果的《夏商周断代工程 1996—2000 年阶段成果报告·简本》一书中，对西周历法的基本要点的记载是：

> 根据对《春秋》和《左传》中数百条天文历法资料的研究以及对西周有关文献的分析，推知西周历法的基本要点如下：
>
> （1）西周历法采用"朔"或"朏"为月首。"朔"始见于《诗·小雅·十月之交》"朔日辛卯，日有食之"，其运用当更早于此。认识朔以前，当以"朏"为月首。"朏"指新月初见，一般在初二、初三。
>
> （2）西周历法的岁首多为建子、建丑。建子指岁首在冬至所在之月，建丑在其次月。
>
> （3）西周历法一般采用年终置闰。
>
> （4）西周改元的方法有两种：逾年改元——新王即位的次年改称新王元年；当年改元——新王即位的当年改称新王元年。①

值得注意的还有陈久金先生的观点：

> 包括席泽宗、薄树人、张培瑜、陈美东和笔者在内的老一代天文史家，都被邀请参加"夏商周断代工程"研究的目的，正是由于他们有古代天文历法的专长。笔者被认定为西

---

① 夏商周断代工程专家组编著：《夏商周断代工程 1996—2000 年阶段成果报告·简本》，世界图书出版公司，2000，第 19 页。

周金文历谱的主持人，也是由于笔者具有研究上古天文学史和少数民族天文学史的专长。我们组成一个团队，可以发挥集体的力量。事实上，以上认定的西周历法，也是得到大家认可的。在"断代工程"内部多次专门讨论金文历谱的会议上，都未听到反对和责疑的声音。[①]

由此可见，席泽宗、薄树人、张培瑜、陈美东、陈久金等老一代天文史家大都赞成"西周无朔"论，认为古代历法直到春秋晚期才进入科学历法阶段，此前都处于观象授时阶段。他们的认识，无疑对学界对西周年代学乃至上古文明的研究产生了较大的影响。

一、关于"朔日始见"

陈美东先生在"夏商周断代工程"中主持"西周历法与春秋历法——附论东周年表问题"的研究课题，其在 2003 年出版的专著《中国科学技术史·天文学卷》中，结合西周的颁朔制度，对"朔日始见"的时代作出如下阐述：

> 周代颁朔是以阴阳合历的朔望月为前提的。[②]"颁之于官府及都鄙，颁告朔于邦国"，是始于西周的由周天子每年向全国颁布历法的制度。所谓"颁朔"，是向周王朝各官府以及各诸侯国颁布由畴人推定的一年的历日安排，包括一年十二

---

① 陈久金：《关于夏商周断代工程西周诸王王年的修正意见》，《广西民族大学学报（自然科学版）》2014 年第 3 期，第 14 页。

② 陈美东：《中国科学技术史·天文学卷》，科学出版社，2003，第 82 页。

个月朔日的干支，闰月的有无，相关的祭祀或政务活动，等
等，以之作为全国统一的时日标准和特定活动的规定。……
反映了周天子对于历法的高度重视，以及各诸侯国接受周王
朝的历日和有关行政安排的权威性。这也就是中国古代极具
特色的颁布历法权是为统治权象征的肇始，只是在西周晚期
由于周王朝的衰弱和诸侯国的强盛，这一制度才走向衰亡。

在现所知文献中，"朔"字首见于《诗经·小雅·十月之
交》"十月之交，朔日辛卯，日有食之"。……该日食发生于
周平王三十六年十月辛卯朔（前735年11月30日）。……
据此，"朔"字的初见已到了东周初年。从骚人已将"朔日"
入于诗中，以及在年代上紧随其后的《春秋》记载中，关于
"朔"的记载已成完备的形态来看，以朔为月首应在东周初
年前不算短的年代便已采用。我们认为西周历法的月首很
有可能有一个由"朏"演变为"朔"的发展过程，只是至今
尚难断言发生这种演变的具体年代，而西周晚期也许是其适
当的年代。[①]

显然，陈先生的上述论述存在自相矛盾之处。他一方面指出"这
也就是中国古代极具特色的颁布历法权是为统治权象征的肇始，只是
在西周晚期由于周王朝的衰弱和诸侯国的强盛，这一制度才走向衰
亡"；另一方面又指出"由'朏'演变为'朔'"，"西周晚期也许是其
适当的年代。既然"颁布历法"是周王朝"统治权象征的肇始"，那
么，颁朔制度在周王朝建立之初应已实施。由此可以推知，"朔日"

---

① 陈美东：《中国科学技术史·天文学卷》，科学出版社，2003，第35、36页。

概念的形成不可能是在西周晚期。陈先生的上述论述之所以自相矛盾，主要是因为他把《诗经·小雅》的"十月之交，朔日辛卯，日有食之"认定为古代文献中最早的关于"朔"的记载，即所谓"朔日始见"。

需要特别注意的是，陈先生所谓的"在现所知文献中，'朔'字首见于……"的表述，只能让人理解为时人现在可见的"古代文献"，远远不是全部，仅仅根据这部分"古代文献"，就得到所谓"朔日在古代文献中最早出现的时间"的结论，或可能会以偏概全，甚至是一个伪命题。

"古代文献"的内容相当广泛。西汉后期，刘向、刘歆父子经过二十多年的努力，圆满地完成了中国历史上第一次由政府组织的大规模图书整理编目工作，此即所谓的"刘向校书"。其整理的成果，据《汉书·艺文志》载："大凡书，六略三十八种，五百九十六家，万三千二百六十九卷。"[①]其中，应以孔子根据周王室及各诸侯国史官记录的史实编写而成的《春秋》和追述上古事迹之书《尚书》之价值为最高。按《春秋左氏传·序》曰：

> 《周礼》有史官，掌邦国四方之事，达四方之志。诸侯亦各有国史。大事书之于策，小事简牍而已。《孟子》曰：楚谓之《梼杌》，晋谓之《乘》，而鲁谓之《春秋》，其实一也。疏：《艺文志》云："古之王者，世有史官，君举必书，所以慎言行、昭法式也。左史记言，右史记事，事为《春秋》，言为《尚书》，帝王靡不同之。"……言"鲁史记"，则诸侯各有史可知，又言诸侯各有国史者，方说诸侯各有《春秋》，

---

① [汉]班固撰，[唐]颜师古注：《汉书·艺文志》，中华书局，2005，第1398页。

重详其文也。……且明诸侯之国各有史记，故鲁有《春秋》，仲尼得而修之也。[①]

太史公又曰：

《书》记先王之事，故长于政。……《书》以道事。[②]

我们由此可以得到三点认识：

第一，古代设有掌管文书、记录时事的史官。史官记事而为《春秋》，记言而为《尚书》的制度，大约可以追溯到五帝时代。《尚书》所记载的历史，上起传说中的尧虞舜时代，下至东周（春秋中期），对于我们研究古代文明具有极高的史料价值。

第二，周朝的"春秋"是以年、四时、月、干支日为线索编撰的编年史，周王室及各诸侯国都以"春秋"为名记史，"春秋"由此成为当时各国史书的通称。当时的诸侯国虽有数百，但是其"春秋"流传下来的，唯有《鲁春秋》。孔子修《春秋》始于鲁隐公元年，故西周时期的编年史都没有流传下来。公元前520年，周景王及其嫡长子先后去世，嫡次子王子勾被立为周敬王，庶长子王子朝占据王城数年。公元前516年，王子朝争位失败，"奉周之典籍以奔楚"。[③]公元前484年（周敬王三十六年、鲁哀公十一年），孔子从卫国回到鲁国，致力于著书立说。太史公对孔子当时的处境描述道："孔子之时，周室

[①] 李学勤主编：《春秋左传正义·春秋左氏传序》，北京大学出版社，1999，第6、7、8、9页。

[②] [汉] 司马迁撰，郭逸等标点：《史记·太史公自序》，上海古籍出版社，1997，第2485页。

[③] 李学勤主编：《春秋左传正义·昭公二十六年》，北京大学出版社，1999，第1466—1467、1472页。

微而礼乐废，《诗》《书》缺。"①

　　第三，《尚书》是关于上古时代的政事史料汇编，其命运堪称坎坷。按孔安国《尚书·序》曰："先君孔子……讨论坟、典，断自唐虞以下，讫于周。芟夷烦乱，翦截浮辞，举其宏纲，撮其机要，足以垂世立教，典、谟、训、诰、誓、命之文凡百篇。"②秦燔之后，先秦典籍散失严重。曾任秦博士的伏生将《尚书》等书藏于旧宅墙壁之中。汉惠帝四年（前191年），除"挟书律"，伏生掘开墙壁，取出二十八篇保存完好的《尚书》。因其用当时通行的隶书书写，故称今文《尚书》。汉武帝时，孔安国得孔府旧宅壁中藏书，增多伏生二十五篇。因其用先秦古篆书书写，故称古文《尚书》。孔安国将其与伏生所传今文《尚书》校对合并为五十八篇、四十六卷。但，班固《汉书·艺文志》称："《尚书》古文经四十六卷，为五十七篇。"③西晋永嘉之乱时，今、古文《尚书》均毁于战火。东晋初年，豫章内史梅赜向朝廷献出孔安国传授的古文《尚书》，分四十六卷，计五十八篇。其中，有三十三篇内容同于伏生传授的今文《尚书》二十八篇；余二十五篇，也称"晚书"。东晋至隋唐时期，学者普遍认为"晚书"就是孔安国作传的孔壁古文《尚书》。唐孔颖达以之为底本作《尚书正义》，为官方定本，公开颁行。宋人又把它编入《十三经注疏》，流传至今。清代学者考证，其中的三十三篇乃由伏生所传今文《尚书》二十九篇（或云二十八篇）所分出，内容与今文《尚书》基本相同；其余二十五篇，则疑为晋人之伪作，故不妨看作古文《尚书》的西晋辑佚本。

---

　　①　[汉] 司马迁撰，郭逸等标点:《史记·孔子世家》，上海古籍出版社，1997，第1514 页。

　　②　李学勤主编:《尚书正义·序》，北京大学出版社，1999，第 10 页。

　　③　[汉] 班固撰，[唐] 颜师古注:《汉书·艺文志》，中华书局，2005，第 1353、1354 页。

尽管其内容存在错讹、缺失，但仍具有较高的史料价值。[①]

综上所述，由于种种原因，东周时期以前的文献早已不复存在，仅凭借"现所知文献"便推断出"朔"字首见于《诗·小雅·十月之交》"朔日辛卯，日有食之"的结论，进而将"朔日始见"的时间定为西周晚期到东周初年，显然是不合适的。

二、历法建正的演变

自帝喾、帝尧父子创建阴阳合历以来，历法的建正经历了一个漫长的演变过程。从《尧典》"寅宾出日，平秩东作，日中星鸟，以殷仲春……"记载的天象次序来看，帝尧时代的阴阳合历是以孟春为岁首的。《史记·历书》亦曰：

> 昔自在古，历建正作于孟春。《索隐》按：古历者，谓黄帝《调历》以前有《上元太初历》等，皆以建寅为正，谓之孟春也。及颛顼、夏禹亦以建寅为正。[②]

《大戴礼记·诰志》曰：

> 虞夏之历，正建于孟春。《集注》孔广森曰：虞夏之历，正建于孟春。怀信按：正，谓正月。建，立也。孟春，春季第一个月，即今夏历正月。[③]

---

① 江灏等：《今古文尚书全译·前言》，贵州人民出版社，1990，第5、6页。
② [汉]司马迁撰，郭逸等标点：《史记·历书》，上海古籍出版社，1997，第1043页。
③ 黄怀信主编：《大戴礼记汇校集注·诰志》，三秦出版社，2005，第1062、1063页。

《舜典》曰：

> 正月上日，受终于文祖。传曰：上日，朔日也。疏曰：
> 月之始日谓之朔日，每月皆有朔日，此是正月之朔，故云
> "上日"，言一岁日之上也。下云"元日"亦然。[①]
>
> 月正元日，舜格于文祖。《传》月正，正月。元日，上日
> 也。[②]

可见，早在尧舜时代，时人便称每月之初一为"朔日"，每年之
正月初一为"上日"或"元日"。《史记·历书》亦曰：

> （帝）年耆禅舜，申戒文祖，云："天之历数在尔躬。"舜
> 亦以命禹。由是观之，王者所重也。《集解》孔安国曰："舜
> 亦以尧命己之辞命禹也。"[③]

帝舜在禅位于禹之时，把作为天命之象征的历法交付于禹，故夏
王朝仍建正于孟春。换言之，夏历以孟春为正月。又，《尚书正义·大
禹谟》亦曰：

> 帝（舜）曰："来，禹！……予懋乃德，嘉乃丕绩，天
> 之历数在汝躬，汝终陟元后。《传》丕，大也。历数谓天道。

[①]　李学勤主编：《尚书正义·舜典》，北京大学出版社，1999，第 54、55 页。
[②]　李学勤主编：《尚书正义·舜典》，北京大学出版社，1999，第 72 页。
[③]　[汉] 司马迁撰，郭逸等标点：《史记·历书》，上海古籍出版社，1997，第 1045 页。

元，大也；大君，天子。舜善禹有治水之大功，言天道在汝
身，汝终当升为天子。

正月朔旦，受命于神宗。《传》受舜终事之命。[①]

商周时代历法的建正，据《逸周书·周月解》载：

夏数得天，百王所同。其在商汤，用师于夏，除民之灾，
顺天革命，改正朔，变服殊号，一文一质，示不相沿，以建
丑之月为正，易民之视。若天时大变，亦一代之事，亦越我
周王致伐于商，改正异械，以垂三统。至于敬授民时，巡狩
祭享，犹自夏焉。是谓"周月"，以纪于政。

《集注》潘振云：正者，年之始。朔者，月之初。○陈逢
衡引徐发曰："正岁本于历数有余、不足，因时改变，故有改
朔之法，亦谓之改正朔。若正月乃四时之首，孟春定数，何
得改变？故商以建丑之月为正朔，即《伊训》之元祀十有二
月乙丑祠先王也。盖正朔为班朝莅治之始，故新君庙见于此
时行之。然而仍称十有二月，则可知商之改正实非正月矣。"
衡按：夏数，谓由正月至十二月之数。得天，谓合天道。百
王所同，则故而不改也，其改者为岁首。汤革命则以丑月为
岁首，武伐纣则以子月为岁首，故曰改正朔。[②]

引文所谓的"十有二月乙丑祠先王"，《汉书·律历志》作："十有

---

① 李学勤主编：《尚书正义·大禹谟》，北京大学出版社，1999，第93、96页。
② 黄怀信：《逸周书汇校集注》，上海古籍出版社，2007，第579—580页。

二月乙丑'朔',伊尹祀于先王。"① 帝尧、帝舜、夏禹都是以禅让的方式完成王朝更替的,天命未改,正朔亦不改。而成汤伐桀、武王伐纣则是革命,故必须改正朔。

《汉书·律历志》曰:

> 历数之起上矣。传述颛顼命南正重司天,火正黎司地,其后三苗乱德,二官咸废,而闰余乖次,孟陬殄灭,摄提失方。尧复育重、黎之后,使纂其业,故《书》曰:"乃命羲和,钦若昊天,历象日月星辰,敬授民时。""岁三百有六旬有六日,以闰月定四时成岁,允厘百官,众功皆美。"其后以授舜曰:"咨!尔舜,天之历数在尔躬。""舜亦以命禹。"至周武王访箕子,箕子言大法九章,而五纪明历法。故自殷周,皆创业改制,咸正历纪,服色从之,顺其时气,以应天道。三代既没,五伯之末,史官丧纪,畴人子弟分散,或在夷狄,故其所记,有《黄帝》《颛顼》《夏》《殷》《周》及《鲁历》。②

《汉书·律历志》这段文字是对历法的起源与传承、三代受命改正朔的综合论述。畴人,按《史记·历书》曰:"幽、厉之后,周室微,陪臣执政,史不记时,君不告朔,故畴人子弟分散。"《集解》引如淳曰:"家业世世相传为畴。律,年二十三傅之畴官,各从其父学。"《索

---

① [汉]班固撰,[唐]颜师古注:《汉书·律历志》,中华书局,2005,第871页。
② [汉]班固撰,[唐]颜师古注:《汉书·律历志》,中华书局,2005,第843页。

隐》引孟康云："同类之人明历者也。"乐彦云："畴人，昔知星人也。"①
重、黎、羲、和者，畴人也，他们明历法、星占之术，世代相传。畴
人在虞夏时代主《夏历》，"自殷、周，皆创业改制，咸正历纪，服色
从之，顺其时气，以应天道"，先后创建了《夏历》《殷历》《周历》，
合而谓之"三正"。为了区别于后世的十九年七闰、与之同名的古六
历，分别冠以"古"字，称为古《夏历》、古《殷历》、古《周历》。

在本书第一章、第二章，笔者尝试从破译《周易》"大衍之数"
的千古之谜入手，来厘清西周历法（古《周历》）。这里要特别强调的
是，古《周历》的重要贡献，是在虞夏之历的基础上建立并完善了推
步历法的以下原则：

> 先王之正时也，履端于始，举正于中，归余于终。履端
> 于始，序则不愆，举正于中，民则不惑，归余于终，事则不
> 悖。②

按：三正改正朔的次序为：夏正建寅，殷正建丑，周正建子。所
谓"周正建子"，就是以冬至所在之月作为首月。由于冬至之时日在
最南，白昼最短，是最便于准确测定的历法参数，选择日月合朔于冬
至作为历元，也是最便于准确测定的历元。如此一来，就极大地提高
了历法的准确性。在阴阳合历创建之初的唐尧时代，囿于当时的历史
条件和认识水平，历家只能以整数度量和测定岁实长度和相应的朔策，
从而导致在古《周历》及其以前的漫长时期内，整数日的岁长 366 日

---

① ［汉］司马迁撰，郭逸等标点：《史记·历书》，上海古籍出版社，1997，第
1046 页。

② 李学勤主编：《春秋左传正义·文公元年》，北京大学出版社，1999，第 484 页。

与 62 个朔望月相合,保持着五年两次置闰的规则。周王室衰落以后,"畴人"子弟分散到各诸侯国。春秋末期,历家突破了历法参数观测和计算中的"整数"思维限制,引入简单分数,得到岁实为 365 又 1/4 日的测量结果;大约与此同时,又得到 19 年与 235 个朔望月相合的测量结果。在此基础上,历家建立了十九年七闰的置闰制度,历法进入古四分历的时代。到了战国初期,各诸侯国不再奉周王朝的正朔,陆续出现了《黄帝历》《颛顼历》《夏历》《殷历》《周历》《鲁历》,统称"古六历"。

"古六历"各自的渊源,可以追溯到武王伐纣时代。《周本纪》曰:"武王追思先圣王,乃褒封神农之后于焦,黄帝之后于祝,帝尧之后于蓟,帝舜之后于陈,大禹之后于杞。"周武王初封纣子武庚于邶。周公摄政之时,"管叔、蔡叔群弟疑周公,与武庚作乱,畔周。周公奉成王命,伐诛武庚、管叔,放蔡叔,以微子开代殷后,国于宋"。[①]因此,杞国主夏祀,用《夏历》;宋国主殷祀,用《殷历》;周则用《周历》。鲁有天子之礼乐,按《周历》建子而作《鲁历》;祝国作为黄帝之后裔,应主《黄帝历》。关于《颛顼历》,武家璧在《简论楚〈颛顼历〉》一文中指出,曾侯乙镈钟等出土文物上已有楚国历法的记载,楚国历法应是熊通僭越称王之后自行创建的。"楚国先祖源于重黎氏,称王时用《颛顼历》。楚简采用《颛顼大正》,岁首建亥;楚帛书采用《颛顼小正》,正月建寅"。[②]

由此可见,无论是从历法本身的演变来看,还是从畴人家世的传承来看,春秋后期到战国时期制定的"古六历"是由古《夏历》、古

---

① [汉] 司马迁撰,郭逸等标点:《史记·周本纪》,上海古籍出版社,1997,第 86、90 页。

② 武家璧:《简论楚〈颛顼历〉》,《长江大学学报(社会科学版)》2019 年第 4 期,第 23—29 页。

《殷历》、古《周历》等古历演化而来的。我们在《春秋》一书中,可以看到诸古历演化的踪迹。陈久金先生根据日本学者新城新藏先生和薮内清先生对《春秋》历法的研究结果指出:"自公元前六百年以后,十九年七闰就已经逐步确立。"[1] 由此可见,《春秋》历法明显就是从古《周历》向古四分历演化过程中的《周历》和《鲁历》。陈美东先生对《春秋》历法进行了详细的统计研究,其研究结果被列入《中国科学技术史·天文学卷》一书中的表 2-5《鲁国历谱新编》。[2] 陈美东先生的结论是:

> 由表 2-5 可见,自鲁隐公元年(前 722 年)到僖公十三年(前 647 年)、自僖公十四年(前 646 年)到襄公二年(前 571 年)、自襄公三年(前 570 年)到定公十五年(前 495 年)的前后三个 76 年中,闰月的个数分别为 28、27 和 28。这说明十九年七闰的方法,已经自觉或不自觉地为鲁国历家得到了。如果说在前期、中期,十九年七闰只是他们应用上述朔日推算法和时长进行冬至时日测量的自然结果,那么到了后期,他们大约已经有了自觉性,这似可以从鲁定公七年(前 503 年)以后的历家总是每两年或三年加一闰月的状况中,得到证明。
>
> 春秋时期,各诸侯国之间科学技术的交流并没有什么大的障碍,如果鲁国以外的其他诸侯国已有较先进的推步历法,鲁国历家当不会在二百余年间视而不见,死守对他们而言吃

---

① 陈久金:《历法的起源和先秦四分历》,载中国天文学史整理研究小组编:《科技史文集》第一辑《天文学史专辑》,上海科学技术出版社,1978,第 17 页。

② 陈美东:《中国科学技术史·天文学卷》,科学出版社,2003,第 55—58 页。

力又不讨好的一套方法。反过来应该说，鲁国历法的状况应
是并时历法发展总体水平的反映，各国历家大约也是依循鲁
国历家所采用的基本方法行事。各国历法的主要差异在于采
用各不相同的建正，从而显示各自历法的独立性，进而显示
各国的独立与主权。①

　　成王封周公之子伯禽于鲁，鲁国作为诸侯国，应接受周王朝的颁
朔，但是"幽、厉之后，周室微，陪臣执政，史不记时，君不告朔，
故畴人子弟分散"，周王室也逐渐丧失了颁朔的能力。东周之初，礼
乐崩坏的程度更甚，虽然可能短暂地恢复过颁朔制度，但相当多的诸
侯国都萌生了自行颁朔的需求。为了褒扬周公平定"三监之乱"、制
定周礼等重大贡献，成王特别许可鲁国在立国之初就拥有"郊祭文
王""奏天子礼乐"的资格，鲁国能自行颁朔亦属正常。这应该就是
《鲁历》诞生的时代背景。按照陈美东先生的观点"在前期、中期，
十九年七闰只是他们应用上述朔日推算法和时长进行冬至时日测量的
自然结果，那么到了后期，他们大约已经有了自觉性"，则鲁国的历
法由古《周历》到四分历《鲁历》的演化，实际上就是从五年两闰到
十九年七闰的演化。历家有鉴于五年两闰时期的历法总是不够准确，
于是更精确地测定岁长，进一步寻求岁长和朔策的匹配，最终得到了
十九年七闰的测量结果。由于畴人群体大多是重、黎、羲、和的后裔
或弟子，他们奔走于各诸侯国乃至夷狄之间时，天文历法知识也随之
得到传播与扩散。

　　这里还要提及的是，在夏商周改正朔的过程中，周王朝以通常冬

---

　　①　陈美东：《中国科学技术史·天文学卷》，科学出版社，2003，第59页。

至所在的建子之月（夏历的十一月）为岁首，促使周人（很可能就是文王）以日月合朔于冬至作为历元。由于在八节中，冬至是最便于准确测定的，观测者可据其测得准确的岁长，并由此确立了十九年七闰的重大历法规则。

三、虞夏历法与夏禹受命

虞夏历法，顾名思义就是帝舜时代和夏朝的历法。《史记·历书》《大戴礼记·诰志》均曰："虞夏之历，正建于孟春。"意谓虞夏的历法，是以孟春作为正月的。关于"闰法"，《通典·卷第五十四·巡狩》释曰：

> 唐虞天子五载一巡狩。注曰：晏子对齐景公曰："天子适诸侯曰巡狩。"《白虎通》曰："巡者，循也。狩者，牧也。为天下循行守牧民也。"郑玄云："诸侯为天子守土，时一巡省之。"《书》曰："五载一巡狩。"所以必五年者，因天道时有所生，岁有所成，三岁一闰，天道小备，五岁再闰，天道大备也。
>
> 夏后氏因之。注曰：王肃云："天子五年一巡狩。"郑玄云："五年者，虞夏之制也。"[1]

又，《礼记正义·王制》曰：

> 诸侯之于天子也，比年一小聘，三年一大聘，五年一朝。天子五年一巡守。注曰：诸侯五年一朝天子，天子亦五年一

---

[1] [唐]杜佑：《通典·卷第五十四·巡狩》，中华书局，1988，第1499、1500页。

巡狩。天子以海内为家，时一巡省之。五年者，虞夏之制也。
周则十二岁一巡狩。疏曰：知五年是虞、夏之制者，《尧典》
云"五载一巡守"，此正谓虞也。以虞、夏同科，连言夏耳。
按《白虎通》云："所以巡守者何？巡者，循也；守者，牧也。
为天子循行守土，牧民道德大平，恐远近不同化，幽隐不得
其所者，故必亲自行之，谦敬重民之至也。因天道三岁一闰，
天道小备，五岁再闰，天道大备，故五年一巡守。"①

由《通典》《王制》的描述可知，自帝尧时代起，就有"天子五
年一巡狩"之礼，帝舜、夏禹时代亦继承了此礼。《礼记·逸礼》曰：
"王者必制巡狩之礼何？尊天重民也。所以五年一巡狩何？五岁再闰，
天道大备。所以至四岳者，盛德之山，四方之中，能兴云致雨也。"
《礼记·礼运》记孔子之言曰："夫礼，先王以承天之道，以治人之
情。……是故夫礼，必本于天。……故圣人以礼示之，故天下国家可
得而正也。"② 由此可见，圣人制礼，必须本于天道（历法）。唐虞时代
的历法，就是帝喾、帝尧父子创建的阴阳合历。按《尧典》，唐虞历
法的基本参数是岁长为 366 日，每年十二个朔望月，大月三十日、小
月二十九日相间，以春分等四中气正定四仲之月。虞夏时代，仍以孟
春作为正月，闰周为五岁。在三岁之时，以日月运行相差之日期积余
数而为第一次置闰，即"三岁一闰"；到五岁之时，再次积余之日期
正好作为一个闰月而为第二次置闰，再无余分，重新回到日月合朔于
孟春作为岁首的状态，完成一个闰周。此即《通典·卷第五十四·巡
狩》所谓的"三岁一闰，天道小备，五岁再闰，天道大备"。五年完

① 李学勤主编：《礼记正义·王制》，北京大学出版社，1999，第 360—363 页。
② 李学勤主编：《礼记正义·礼运》，北京大学出版社，1999，第 662 页。

成一个天道运行的周期，又称"章岁五年"。天子五载一巡狩之礼，刚好与"三岁一闰、五岁再闰"的天道相合。

有趣的是，"三岁一闰"正是"大衍之数"中的"归奇于扐以象闰"；"五岁再闰"则是"再扐而后挂"也。需要注意的是，虞夏历法和西周历法虽然都是五岁再闰，但按三正之说，西周历法是以仲冬之月为岁首，以日月合朔于冬至日作为历元，而冬至又是八节中最便于准确测定的节气，故西周历法的准确性得到了极大的提高。因此可以说，从虞夏历法到西周历法是推步历法的一大进步。

关于禹受命建立夏王朝，清华简《厚父》的有关记载为我们的研究提供了很大便利。《厚父》曰：

> 王若曰："厚父！遹闻禹……川，乃降之民，建夏邦。启惟后，帝亦弗恐启之经德少，命皋繇下为之卿士，兹咸有神，能格于上，知天之威哉，闻民之若否，惟天乃永保夏邑。在夏之哲王，乃严寅畏皇天上帝之命，朝夕肆祀，不盘于康，以庶民惟政之恭，天则弗斁，永保夏邦。①

由上下文的语境推知，"遹闻禹……川"中间的阙文，当为叙述大禹治水的功绩。因此，这段引文的大意是：

> 王说：大禹受命治水，立下大功，上天"乃降之民，建夏邦"。启接续禹做了夏王之后，上帝唯恐启的常德不巩固，于是命皋繇（一般指皋陶）为启的卿士。皋繇能与上天沟通，且下察民之善恶，"天乃永保夏邑"。后世的夏王皆能敬畏天

---

① 李学勤主编：《清华大学藏战国竹简（伍）》，中西书局，2015，第110页。

命，祭祀不绝，爱民勤政，天乃"永保夏邦"。

下一段是厚父之言：

> 厚父拜手稽首，曰："……古天降下民，设万邦，作之君，作之师，惟曰其助上帝乱下民。之匿王乃渴，失其命，弗用先哲王孔甲之典刑，颠覆厥德，沉湎于非彝，天乃弗赦，乃坠厥命，亡厥邦。"[①]

王晖先生指出，"之匿王乃渴"中之"匿"，为奸佞之义，"匿王"指奸邪之王；"渴"为"桀"的通假字，"匿王"就是指夏桀，是"失其命"的主语。因此，这段引文的大意是：

> 奸邪之王夏桀断绝了夏之天命，不用先哲王孔甲的典礼刑罚，颠覆孔甲美德，沉湎于非礼，上帝便不再保佑他，夏桀就坠失了天命，国家灭亡。[②]

在清华简《厚父》篇中，王与厚父论述了从夏禹受命到夏桀遏失天命的一段历史，充分表明了夏人对于天和天命的信仰，也从侧面证明了"三正"说的存在。

关于《夏小正》中的天象，古今中外的天文学家们已经做了很多有益的探索。夏纬英先生、日本学者能田忠亮先生都已经明确指出，

---

① 李学勤主编：《清华大学藏战国竹简（伍）》，中西书局，2015，第 110 页。
② 王晖：《清华简〈厚父〉属性及时代背景新认识》，《史学集刊》2019 年第 4 期，第 73 页。

《夏小正》所载的内容符合夏代的实际情况。[1]胡铁珠先生、陈美东先生则进一步指出:"《夏小正》中的天象,在公元前2200年前后发生在各月节气之日,此后这些天象出现的时间渐渐后移,在公元前800年前后,发生于各月中气之日。以此,从天象的角度来看,它是一部从夏代到西周均可使用的天象历。"[2]但是我们认为,《夏小正》中的九月天象并不完整,还需要进一步研究。以往的研究者大多认为,《夏小正》中的九月天象是"辰系于日",[3]但是在《大戴礼记·夏小正》中,九月天象散见于两处,应将其整合如下:

> 九月,内火。内火也者,大火。大火也者,心也。辰系于日。
>
> 《集注》孔广森曰:"《春秋左传》曰:'古之火正,或食于心,或食于咮,以出内火,是故咮为鹑火,心为大火。'内,入也。九月之昏,心星伏也。"○汪照曰:徐氏巨源曰:"周礼季春出火,季秋纳火,即此谓也。盖因于夏。郑司农谓:以三月本时昏心见于辰,使民出火;九月本黄昏伏于戌,使民纳火,故《春秋传》曰以出纳火。心为大火,火见而出,火伏而纳。"○戴礼曰:"大火,心星。注详五月。房、心、尾三星相属,故八月之昏房星伏,九月之昏心星内也。"[4]

① 陈久金:《历法的起源和先秦四分历》,载中国天文学史整理研究小组编:《科技史文集》第一辑《天文学史专辑》,上海科学技术出版社,1978,第8、9页。

② 胡铁珠:《〈夏小正〉星象年代研究》,《自然科学史研究》2000年第3期。陈美东:《中国科学技术史·天文学卷》,科学出版社,2003,第15页。

③ 胡铁珠:《〈夏小正〉星象年代研究》,《自然科学史研究》2000年第3期。陈美东:《中国科学技术史·天文学卷》,科学出版社,2003,第11页。

④ 黄怀信主编:《大戴礼记汇校集注》,三秦出版社,2005,第291—292、298页。

《尔雅注疏·释天》曰:"大辰,房、心、尾也。大火谓之大辰。郭璞注:大火,心也,在中最明,故时候主焉。"[1]《左传·昭公十七年》疏曰:"大火,苍龙宿心,以候四时,故曰辰。""大辰,星名,非人居也,而亦谓之虚者,以天之十二次,地之十二域,大辰为大火之次,是宋之区域,故谓宋为大辰之虚,犹谓晋地为参虚。"[2] 以上所言之"大辰",即大火。"大火"有二义:一是用于授时,特指心宿;二是用作十二次的称谓,具体包括房、心、尾三宿。《夏小正》中的九月天象"大火也者,心也。辰系于日"中的"大火",显然是指心宿,"辰系于日"应为九月日在心宿的天象。胡铁珠先生在《〈夏小正〉星象年代研究》一文中亦称:"大火星又名心宿二,在西方称'Alpha Sco'。"可见在《夏小正》时代,确实是以大火为心宿的。[3] 故此处之"辰系于日",亦为九月日在心宿的天象。

《礼记·月令》曰:

> 季秋之月,日在房,昏虚中,旦柳中。传曰:郑氏曰:季秋者,日月会于大火。疏曰:正义曰:"《三统历》九月节日在氐五度,九月中日在房五度。"[4]

由此可见,《夏小正》中的九月天象,仅仅是夏代天象,不能通用于西周。

---

① 李学勤主编:《尔雅注疏·释天》,北京大学出版社,1999,第175页。
② 李学勤主编:《春秋左传正义·昭公十七年》,北京大学出版社,1999,第1357、1368页。
③ 胡铁珠:《〈夏小正〉星象年代研究》,《自然科学史研究》2000年第3期,第237页。
④ 李学勤主编:《礼记正义·月令》,北京大学出版社,1999,第532页。

"系于日"或称"日在",是指日与星处在同一黄经附近。九月天象表明在《夏小正》时代,人们已经能够观测到太阳运行在二十八宿中的位置,并记为"日在×宿"或"×宿系于日"。"日在"可以通过观测"偕日出""偕日没"的天象间接推得,如果观测者对日月所经的天区熟悉,知道了残月和新月所在的位置,就能较容易地推得日月交会的位置。[①] 而日月交会的位置,就是"辰在";日月交会的那天,就称作"朔日"。因此可以说,最迟到《夏小正》的时代,人们便已经认识到朔日了。

庞朴先生认为,早在传说中的亘古时代,大火昏见于东方地平线时,曾被定为一年中的第一个时节,也就是后来意义上的正月,人们相应的行事是"出火"。根据"季春出火,民咸从之"的表述可知,"出火"是全民性烧荒种地的春祭仪式。《周礼·夏官·司爟》曰:"司爟掌行火之政令。……季春出火,民咸从之。"[②] 可见,周人沿袭了这一亘古时代的习俗。

另外,"夏商周断代工程"专门设置了"夏代年代学的研究"课题,该课题下又分为四个专题,第三个专题是"《尚书》仲康日食再研究",[③] "仲康日食"由此被公认为考证夏代年代学的重要依据之一。《尚书·胤征》曰:

季秋月朔,辰弗集于房,瞽奏鼓、啬夫驰,庶人走。

---

① 陈久金:《历法的起源和先秦四分历》,载中国天文学史整理研究小组编:《科技史文集》第一辑《天文学史专辑》,上海科学技术出版社,1978,第14页。

② 庞朴:《火历钩沉:一个遗失已久的古历之发现》,《中国文化》创刊号,1989年第1期,第4页。

③ 夏商周断代工程专家组编著:《夏商周断代工程1996—2000年阶段成果报告·简本》,世界图书出版公司,2000,第2—3页。

传曰：辰，日月所会。房，所舍之次。集，合也，不合则日
蚀可知。凡日食，天子伐鼓于社，责上公。瞽，乐官，乐官
进鼓则伐之。啬夫，主币之官，驰取币礼天神。众人走，供
救日食之百役也。^①

上述记载表明，夏人已经认识到"日月所会"，即朔日也（"朔"
是日月相合的天象）；日食一定出现在朔日，日食寓意着君主遭遇灾
难，因此夏人不仅重视对日食的观测，而且创建了制度化的禳灾之法。
由孔安国"凡日食，天子伐鼓于社，责上公。瞽，乐官，乐官进鼓则
伐之。啬夫，主币之官，驰取币礼天神。众人走，供救日食之百役也"
的描述可知，夏代已经形成了一套制度化的仪式。

吴守贤先生的研究成果指出，"仲康日食"发生在公元前 2042 年
5 月 28 日，^②远远早于《诗经·小雅·十月之交》中的"十月之交，朔
日辛卯，日有食之"。因此，没有必要把"朔日首见"系于东周初年。

四、商汤受命改正朔

关于成汤受命，《尚书·汤誓》的记载是：

王曰："格尔众庶，悉听朕言。非台小子，敢行称乱。有
夏多罪，天命殛之。今尔有众，汝曰：'我后不恤我众，舍
我穑事，而割正夏。'予惟闻汝众言，夏氏有罪，予畏上帝，
不敢不正。今汝其曰：'夏罪其如台。'夏王率遏众力，率割

① 李学勤主编：《尚书正义·胤征》，北京大学出版社，1999，第 183 页。
② 陈美东：《中国科学技术史·天文学卷》，科学出版社，2003，第 17、18 页。

夏邑。有众率怠弗协，曰：'时日曷丧？予及汝皆亡。'夏德若兹，今朕必往。"传曰：以诸侯伐天子，非我小子敢行此事，桀有昏德，天命诛之，今顺天。言夺民农功而为割剥之政……言桀君臣相率为劳役之事以绝众力，谓废农功。相率割剥夏之邑居，谓征赋重。……凶德如此，我必往诛之。疏曰：商王成汤将与桀战，呼其将士曰……我伐夏者，非我小子辄敢行此以臣伐君，举为乱事，乃由夏君桀多有大罪，上天命我诛之。桀既失君道，我非复桀臣，是以顺天诛之，由其多罪故也。[①]

汤既胜夏，欲迁其社，不可。传曰：汤承尧、舜禅代之后，顺天应人，逆取顺守而有惭德，故革命创制，改正易服，变置社稷。疏曰：故革命创制，改正易服，因变置社稷也。《易·革卦·彖辞》曰："汤武革命，顺乎天而应乎人。"[②]

《汤诰》则曰：

王曰："惟皇上帝，降衷于下民。……夏王灭德作威，以敷虐于尔万方百姓。尔万方百姓，罹其凶害，弗忍荼毒，并告无辜于上下神祇。天道福善祸淫，降灾于夏，以彰厥罪。肆台小子，将天命明威，不敢赦。敢用玄牡，敢昭告于上天神后，请罪有夏。……上天孚佑下民，罪人黜伏，天命弗僭，贲若草木，兆民允殖。[③]

---

① 李学勤主编：《尚书正义·汤誓》，北京大学出版社，1999，第190、191页。

② 李学勤主编：《尚书正义·汤誓》，北京大学出版社，1999，第193页。

③ 李学勤主编：《尚书正义·汤诰》，北京大学出版社，1999，第199、200页。

《咸有一德》记伊尹之言曰：

> 夏王弗克庸德，慢神虐民。皇天弗保，监于万方，启迪有命，眷求一德，俾作神主。惟尹躬暨汤，咸有一德，克享天心，受天明命，以有九有之师，爰革夏正。非天私我有商，惟天佑于一德；非商求于下民，惟民归于一德。传曰：言天不安桀所为，广视万方，有天命者开道之。……所征无敌，谓之受天命。于得九有之众，遂伐夏胜之，改其正。①

清华简《保训》对成汤受命的记载是："至于成汤，祗服不懈，用受大命。"②

《尚书》中的《汤誓》《汤诰》《咸有一德》和清华简《保训》诸篇在描述夏桀无道亡国，成汤受命伐桀并建立商王朝的历史时，均着重从天命的层面解释夏王朝的覆灭。下面，笔者将根据《尚书》中的《多士》《无逸》《君奭》《多方》诸篇，描述商纣失国亡身，武王伐纣并建立周王朝的历史。《周书·多士》曰：

> 成周既成，迁殷顽民。周公以王命诰，作《多士》。王若曰："尔殷遗多士，弗吊旻天，大降丧于殷。我有周佑命，将天明威，致王罚，敕殷命终于帝。肆尔多士，非我小国敢弋殷命。惟天不畀允罔固乱，弼我，我其敢求位？惟帝不畀，惟我下民秉为，惟天明畏。传曰：称天以愍下，言愍道至者，

---

① 李学勤主编：《尚书正义·咸有一德》，北京大学出版社，1999，第216页。

② 李学勤主编：《清华大学藏战国竹简（壹）》，中西书局，2015，第143页。

殷道不至，故旻天下丧亡于殷。……我有周佑命．将天明威，言我有周受天佑助之命，故得奉天明威。致王罚，敕殷命终于帝。天命周致王者之诛罚，王黜殷命，终周于帝王。天佑我，故汝众士臣服我。非我敢取殷王命，乃天命。……惟天不与纣，惟我周家下民秉心为我，皆是天明德可畏之效。①

我闻曰："上帝引逸。"有夏不适逸，则惟帝降格。……惟时天罔念闻，厥惟废元命，降致罚。乃命尔先祖成汤革夏，俊民甸四方。传曰：言上天欲民长逸乐，有夏桀为政之逸乐，故天下至戒以谴告之。……桀不能用天戒，大为过逸之行，有恶辞闻于世。……惟是桀恶有辞，故天无所念闻，言不佑，其惟废其天命，下致天罚。天命汤更代夏，用其贤人治四方。

自成汤至于帝乙，罔不明德恤祀。亦惟天丕建保乂有殷，殷王亦罔敢失帝，罔不配天其泽。在今后嗣王，诞罔显于天，矧曰其有听念于先王勤家？诞淫厥泆，罔顾于天显民祗，惟时上帝不保，降若兹大丧。惟天不畀不明厥德，凡四方小大邦丧，罔非有辞于罚。传曰：自帝乙以上，无不显用有德，忧念齐敬，奉其祭祀。言能保宗庙社稷。汤既革夏，亦惟天大立安治于殷。殷家诸王皆能忧念祭祀，无敢失天道者，故无不配天布其德泽。后嗣王纣，大无明于天道，行昏虐，天且忽之，况曰其有听念先祖、勤劳国家之事乎？"诞淫厥泆，罔顾于天显民祗"，言纣大过其过，无顾于天，无能明人为敬，暴乱甚。惟是纣恶，天不安之，故下若此大丧亡之诛。

---

① 李学勤主编：《尚书正义·多士》，北京大学出版社，1999，第421、422页。

惟天不与不明其德者，故凡四方小大国丧灭，无非有辞于天所罚。言皆有暗乱之辞。①

《君奭》曰：

> 周公若曰："君奭，弗吊，天降丧于殷，殷既坠厥命，我有周既受。传曰：言殷道不至，故天下丧亡于殷。殷已坠失其王命，我有周道至已受之。"②

成王伐奄归来，在宗周，作《多方》，告众诸侯曰：

> 天惟时求民主，乃大降显休命于成汤，刑殄有夏。惟天不畀纯，乃惟以尔多方之义民，不克永于多享。传曰：天惟是桀恶，故更求民主以代之，大下明美之命于成汤，使王天下。
>
> 乃惟成汤，克以尔多方简，代夏作民主。慎厥丽，乃劝；厥民刑，用劝；以至于帝乙，罔不明德慎罚，亦克用劝。传曰：乃惟成汤，能用汝众方之贤，大代夏政，为天下民主。汤慎其施政于民，民乃劝善。言自汤至于帝乙，皆能成其王道，长慎辅相，无不明有德，慎去刑罚，亦能用劝善。
>
> 今至于尔辟，弗克以尔多方，享天之命。传曰：今至于汝君，谓纣，不能用汝众方，享天之命，故诛灭之。③

---

① 李学勤主编：《尚书正义·多士》，北京大学出版社，1999，第423、424页。
② 李学勤主编：《尚书正义·君奭》，北京大学出版社，1999，第439页。
③ 李学勤主编：《尚书正义·多方》，北京大学出版社，1999，第458、459页。

周公、成王对殷商遗民的训导和告诫，都反复强调夏桀因"不能用天戒，大为过逸之行"而失去天命，商纣因暴虐无道而失国亡身。既揭示了夏商失去天命的原因，又对周王室提出了严正警示。

五、殷商历法与朔日

对于殷商历法中是否有朔日，学界一直存在争议。常玉芝先生曾参与"夏商周断代工程"，其在 1998 年出版的专著《殷商历法研究》中，对于殷商时期是否以朔日为月首这一问题进行了深入研究。常玉芝先生指出：

> 董作宾、吴其昌、陈梦家等学者都认为殷历是以"朔"为月首的，但他们在自己的著作中都未对此做过任何论证。可能认为殷历是阴阳历，以"朔"为月首是理所当然的事，其实这个问题并不是这么简单。首先，在殷墟甲骨文和商代金文中，在被确认是商代的文献中，都未见到有"朔"字出现。其作"朔日"或"合朔"解的"朔"字，最早出现在西周末期的《诗·小雅·十月之交》中："十月之交，朔日辛卯，日有食之。"……"朔"是观测不到的，只能靠推算得出。殷商时代天文学的发展状况证明，当时的人们还不可能认识合朔。①

然而，常玉芝先生关于董作宾、吴其昌、陈梦家等学者"在自己的著作中都未对此（殷历是以朔为月首的）做过任何论证"的表述，

① 常玉芝：《殷商历法研究》，吉林文史出版社，1998，第 322—324 页。

是不够准确的，陈梦家先生在《殷墟卜辞综述》一书中，就曾对殷商历法和朔日做过专题研究。陈梦家先生对殷商历法的描述是：

> 甲骨刻辞中所见到的殷代历法，其可确知者有以下各点：（1）它是一种阴阳历，所以有闰月。（2）闰月最初置于年终，称十三月；后来改置年中，一年只有正月至十二月。（3）月有大小，大月三十日，小月二十九日；一年之中大小月相错，有频大月的。（4）年有大小，平年十二个月，闰年十三个月。（5）它虽然利用祀周的甲子纪日，但每年每月不一定是始于甲日，朔日不一定逢甲。（6）武丁至殷末，历法是改易的。除此数点以外，可加推测的有以下各点：（1）它既不是纯粹的太阴历，所以不能年年都是十二个月，它之有闰月乃调和太阴历与太阳运行的周率。因此，当时当有对于回归年的概数，但绝不是365.25，可能在360—370之间。（2）它和以四分法为主的先汉六历，大致上是不矛盾的。西周初期历法年终置闰，春秋文、宣后历法年中置闰；自西周起，历法的改变循了殷代历法的旧轨，殷周的历法可能同源。（3）由于卜年和农事的记载不固定于某一月中，而常是属于相联属的三四个月，因此可以想象，当时的历法是不很精确的。①

关于"朔日"，陈梦家先生在《殷墟卜辞综述》一书中列举了一个事例：

① 陈梦家：《殷墟卜辞综述》，中华书局，1988，第223页。

　　《后编》下 1.5 有一张历日表，乃殷代中期习刻者抄录农历而作，缺刻横画。这张表整齐的抄了两个月的干支日，即：

　　月一正日食麦　甲子至癸巳

　　二月父秾　　　甲午至 [癸] 亥

　　如此表所示，则正月、二月都是 30 日，甲子、甲午是初一、朔日。但我们不能据此就说，殷代初一都是甲日。反证如下：

　　庚午卜，旅贞，今夕亡（无）吇（祸），才十月一……

在引述多条祖甲卜辞后，陈先生接着指出：

　　此月晦日与下月朔日相衔接，可证辛未、壬寅、乙酉都是朔日。这就是农历与祀周不同处之一，后者必以甲日为一旬的开端，而前者不必以甲日为一月的开端。由于辛未、壬寅、乙酉之为朔日，而不始于甲，可证殷代月有大小。[①]

　　除了上述所引之外，陈梦家先生还有一些关于"朔日"的论述，这里不再一一列举，读者可自行研读。由陈梦家先生的阐述可知，研究殷商历法的学者们对于朔日已经有了相当深刻的认识。

　　此外，常玉芝先生还提出："在被确认是商代的文献中，都未见到有'朔'字出现。"事实亦非如此。《汉书·律历志下》中载录古文《尚书·商书·伊训》之言曰：

---

　　① 陈梦家：《殷墟卜辞综述》，中华书局，1988，第 219—220 页。

《书序》曰:"成汤既没,太甲元年,使伊尹作《伊训》。"
《伊训篇》曰:"惟太甲元年十有二月乙丑朔,伊尹祀于先王,
诞资有牧方明。"[1]

《尚书正义·商书·伊训》曰:

　　成汤既没,太甲元年……惟元祀十有二月乙丑,伊尹祠
于先王。[2]

今文与古文《尚书》形成于两个不同的时代,两版《伊训》的记
载也有所不同。后者在"乙丑"之后少一"朔"字,在"先王"之后
少"诞资有牧方明"六字。按《汉书·艺文志》记载,当时所藏《尚
书》文献有:

《尚书》古文经四十六卷。为五十七篇。[注1]
《经》二十九卷。
《传》四十一篇。
《欧阳章句》三十一卷。
大、小《夏侯章句》各二十九卷。
[注1]师古曰:"孔安国《书序》云:凡五十九篇,为
四十六卷。承诏作《传》,引《序》各冠其篇,首定五十八篇。
郑玄《序赞》云:后又亡其一篇,故五十七。"
秦燔书禁学,济南伏生独壁藏之。汉兴亡失,求得

---

① [汉] 班固撰,[唐] 颜师古注:《汉书·律历志下》,中华书局,2005,第 871 页。
② 李学勤主编:《尚书正义·伊训》,北京大学出版社,1999,第 202 页。

二十九篇，以教齐、鲁之间。讫孝宣世，有欧阳、大小夏侯氏立于学官。古文《尚书》者，出孔子壁中。孔安国者，孔子后也。悉得其书，以考二十九篇，得多十六篇。安国献之。①

《欧阳章句》和大、小《夏侯章句》均为伏生所传之今文《尚书》，无《伊训》篇。刘歆在《律历志》中引用的《伊训》篇，一定是孔安国承诏作《传》的《尚书》古文经四十六卷中的作品，原作为孔府壁藏本的古文《尚书》。在孔府壁藏本的《伊训》篇中出现了"朔"字，说明商初就已经以"朔日"为月首，并且在朔日祭祀先祖。周礼中的视朔、朝享之礼等，乃是沿用殷礼。

又，按《尚书译注·伊训》之题注曰：

> 《书序》云："成汤既没，太甲元年，伊尹作《伊训》《肆命》《徂后》。"《史记·殷本纪》亦云："帝太甲元年，伊尹作《伊训》，作《肆命》，作《徂后》。"《肆命》《徂后》早已亡佚，只有《伊训》尚存正文。《伊训》是商之老臣伊尹以汤之成德训导初即位的太甲时的言辞，文中劝诫太甲要以夏桀的灭亡为教训等。《今文》无，《古文》有。②

由《伊训》篇的题注可知，该篇仅存在于古文《尚书》中，其文字应以孔府壁藏且由孔安国作《传》的古文《尚书》为准。

再看《尚书·太甲中》中的一段文字：

① [汉] 班固撰，[唐] 颜师古注：《汉书·艺文志》，中华书局，2005，第1353、1354页。
② 李民、王健：《尚书译注》，上海古籍出版社，2004，第121页。

惟三祀十有二月朔，伊尹以冕服奉嗣王归于亳。①

又，按《史记·殷本纪》曰："帝太甲既立三年，不明，暴虐，不遵汤法，乱德，于是伊尹放之于桐宫。三年，伊尹摄行政当国，以朝诸侯。帝太甲居桐宫三年，悔过自责，反善，于是伊尹乃迎帝太甲而授之政。"②伊尹摄政三年后还政于太甲之事，与周公摄政七年后还政于成王之事有一定的相似之处。太甲于十二月朔日（殷商建丑，以十二月为首月），行即政之礼。在伊尹所作的《伊训》《太甲》中，都以朔纪日，太甲也在朔日即政祭祖，这无疑表明殷历是以朔日为月首建立的、可以推步的历法，殷人亦是按此历法制定殷礼的。又，《尚书正义·洛诰》曰：

　　王肇称殷礼，祀于新邑。传曰：言王当始举殷家祭祀，以礼典祀于新邑。疏曰：周公曰："王居此洛邑，当始举殷家祭祀以为礼典，祀于洛之新邑。"……郑玄云："王者未制礼乐，恒用先王之礼乐。"是言伐纣以来，皆用殷之礼乐，非始成王用之也。周公制礼乐既成，不使成王即用周礼，仍令用殷礼者，欲待明年即政，告神受职，然后班行周礼。班讫始得用周礼，故告神且用殷礼也。③

---

① 李学勤主编：《尚书正义·太甲中》，北京大学出版社，1999，第210页。
② [汉] 司马迁撰，郭逸等标点：《史记·殷本纪》，上海古籍出版社，1997，第66页。
③ 李学勤主编：《尚书正义·洛诰》，北京大学出版社，1999，第407—409页。

由引文可知，成王于元月朔日，按殷礼行即政之礼。据《尚书大传》记载："周公摄政，一年救乱，二年克殷，三年践奄，四年建侯卫，五年营成周，六年制礼作乐，七年致政成王。"可见，周公虽然在成王即政的前一年，就已经制成周礼，但是成王即政之后才正式颁行周礼。可见，西周王朝的礼法和历法均沿袭自殷商。

六、文王受命改正朔

《帝王世纪》曰："文王即位四十二年，岁在鹑火，文王更为受命之元年，始称王矣。"① 《史记·周本纪》曰："诗人道西伯，盖受命之年称王而断虞、芮之讼，后十（九）年而崩，谥为文王。改法度，制正朔矣。"② 《武成》曰："我文考文王，克成厥勋，诞膺天命，以抚方夏。大邦畏其力，小邦怀其德。惟九年，大统未集。"孔安国传曰："言诸侯归之，九年而卒，故大业未就。"③ 又，按《泰誓》曰：

> 《序》惟十有一年，武王伐殷。传曰：周自虞芮质厥成，诸侯并附，以为受命之年。至九年而文王卒，武王三年服毕，观兵孟津。
>
> 一月戊午，师渡孟津，作《泰誓》三篇。疏曰：惟文王受命十有一年，武王服丧既毕，举兵伐殷。……知此十一年者，文王改称元年，至九年而卒，至此年为十一年也。④

---

① [晋]皇甫谧撰，陆吉点校：《帝王世纪·周》，齐鲁书社，2010，第40页。

② [汉]司马迁撰，郭逸等标点：《史记·历书》，上海古籍出版社，1997，第80—81页。按：《武成》《泰誓》均言"文王受命九年而卒"，故此处之"十年"应改为"九年"。

③ 李学勤主编：《尚书正义·武成》，北京大学出版社，1999，第290—291页。

④ 李学勤主编：《尚书正义·泰誓》，北京大学出版社，1999，第267页。

惟十有三年春，大会于孟津。传曰：三分二诸侯，及诸
戎狄。此周之孟春。疏曰：《论语》称"三分天下有其二"，
中篇言"群后以师毕会"，则周之所有诸侯国皆集。《牧誓》
所呼有"庸、蜀、羌、髳、微、卢、彭、濮人"，知此大会，
谓三分有二之诸侯及诸戎狄皆会也。序言"一月"，知此春
是"周之孟春"，谓建子之月也。[1]

上述文献中提及的"九年"文王卒、"十一年"武王观兵孟津、
"十三年"诸侯大会于孟津，都是按照文王的"受命纪年"记事的，
且合于周正建子的西周历法，充分表明了文王受命改正朔的真实性。

这里需要特别指出的是，自 2008 年 7 月以来，由境外抢救入藏
清华大学的战国竹简——《清华简》的整理和研究工作现已取得重大
成就。已整理出的《清华简》中，涉及"文王受命"的文献，有《程
寤》《厚父》《成人》等篇。晁福林先生在《从清华简〈程寤〉篇看
"文王受命"问题》一文中指出："'文王受命'是周王朝立国的终极依
据和王朝命脉之所在，也是周王朝占主导地位的影响有周一代的社会
观念。"[2] 程平山先生在《〈程寤〉与周文王、武王受命》一文中指出：
"天命乃三代政权更替的理论依据，商汤灭夏、武王灭商皆如此。……
《程寤》是记录商周关系发生巨大转变的文献，是周文王、武王受命
的原始档案，它真实地记录了商周走向对立的史实。由于时代久远，
目前所保留周文王、武王受命直接史料的有限，《程寤》与周文王、
武王受命需要多方面、多角度的解读。……通过对周文王、武王受命

---

① 李学勤主编：《尚书正义·泰誓》，北京大学出版社，1999，第 270 页。
② 晁福林：《从清华简〈程寤〉篇看"文王受命"问题》，《北京师范大学学报（社
会科学版）》2016 年第 5 期，第 95 页。

的虚实的探寻，挖掘其历史背景与深刻根源，进而仔细考察其如何由梦变成现实的历程，完成了对事件核心的揭示，进一步考察了周文王、武王受命称王的历程，深化了周文王、武王受命的认识。总之，将《程寤》与周文王、武王受命置于广阔的历史与文化背景中加以探讨，奇妙地揭示了周文王、武王受命是具体的历史时期必然发生的事件。"因此，程平山先生在该文结尾指出："文武受命乃西伯昌（周文王）、太子发、太姒联合创作的政治神话。……殷周之际巨变，人心惶惶，周人宣扬周之兴起源于周德与周受天命，在当时具有吸引与利用大众之功用。出于宣扬'天命'的目的，周人制造了'文武受命'，并一步一步地将它演化为事实。"[1] 程浩先生在《周人所受"大命"本旨发微》一文中指出，《厚父》"其助上帝乱下民之慝"中的"乱"当训为"治"，"慝"当训为"邪恶"，此句大意是说上帝设立国君、官吏，是帮助其治理下民的。在周人的"天命"观念中，邦国为上天所设，下民属上天所有。此外，《厚父》还强调指出"天监司民"，而"司民"若要治理上帝的子民，须接受上帝的命令，协助上帝"乱下民之慝"，而"助上帝乱下民"正是包括周人在内的历代"司民"从上天获得的大命。[2] 这无疑是周人对"天命"的进一步阐释。

孔子作《春秋》，开篇即言正朔。按《春秋左传正义·隐公元年》曰：

《经》元年，春，王正月。注曰：隐公之始年，周王之正月也。疏曰：言"王正月"者，王者革前代，驭天下，必改

① 程平山：《〈程寤〉与周文王、武王受命》，《南开学报（哲学社会科学版）》2021年第3期，第163—165页。
② 程浩：《周人所受"大命"本旨发微》，《文史哲》2022年第4期，第46、47页。

正朔，易服色，以变人视听。夏以建寅之月为正，殷以建丑
之月为正，周以建子之月为正，三代异制，正朔不同。……
如孔安国以自古皆用建寅为正，唯殷革夏命而用建丑，周革
殷命而用建子。……受命之王必改正朔，继世之王奉而行之，
每岁颁于诸侯，诸侯受王正朔，故言"春王正月"，王即当
时之王。……《公羊传》曰："王者孰谓？谓文王也。"始改
正朔，自是文王所为，颁于诸侯，非复文王之历，受今王之
历，称文王之正，非其义也。[1]

根据《史记》《尚书·周书》《清华简》等文献的相关记载可知，
早在文王受命之时，就已经"改正朔"了，但周公制定的礼乐制度应
是根据"改正朔"之后的古《周历》执行的。

七、伶州鸠天象

自殷周之际始，最早关于"日在"一类天象的记载，是武王伐纣
之决胜战——牧野之战时出现的一系列特殊天象。由于牧野之战以姬
发率领的联军大胜而告终，开启了周王朝长达八百余年的统治，牧野
之战时出现的一系列特殊天象得以传于后世。《国语·周语下》中记
载了伶州鸠对周景王所述武王伐纣时的天象，这就是著名的"伶州鸠
天象"。《国语·周语下》曰：

> 昔武王伐殷，岁在鹑火，月在天驷，日在析木之津，辰

---

[1] 李学勤主编：《春秋左传正义·隐公元年》，北京大学出版社，1999，第 37、39 页。

在斗柄，星在天鼋。星与日辰之位，皆在北维。[①]

引文中出现的"鹑火""析木""天鼋"等，都是十二次的概念；"天驷"为房宿，"斗柄"为斗宿之柄等，均涉及二十八宿；"北维"泛指北方水位。"伶州鸠天象"的记载充分表明，"月在""日在""辰在"等历法概念，在占星术中已经得到了实际应用。前文已述，如果观测者对日月所经的天区熟悉，知道日在、月在的位置，就能较容易地推得日月交会的位置。而日月交会的位置，就是"辰在"；日月交会，就是朔日时的天象。由此可见，早在西周建立之前，历家们就对朔日等历法参数形成了以上认识。

以岁在、月在、日在、辰在、星在等天象作为纪时方式，来记载重大历史事件，应源自《洪范》"九畴"中的"五纪"—— 一曰岁，二曰月，三曰日，四曰星辰，五曰历数。[②]箕子曰："天乃锡禹洪范九畴，彝伦攸叙。"[③]先秦时期，帝王在采取重大行动、做出重大决策之前，常以占星术预测事件的可行性、选择行动的时机等，史官们把那些经过验证的历史事件，以文字的形式保存下来。因此，在先秦文献中，许多天象记载都是占星和历法的实际观测记录。不过，刘次沅先生对伶州鸠天象提出了不同的看法：

> 经过刘歆——韦昭的注解，伶州鸠天象有了一套通顺的释读。但是进一步分析，仍然相当可疑。日在何处、日月合辰在何处，根本就是看不到的。……伶州鸠的"月日辰星"天象，

---

① 徐元诰：《国语集解》，中华书局，2002，第123—124页。
② 李学勤主编：《尚书正义·洪范》，北京大学出版社，1999，第306页。
③ 李学勤主编：《尚书正义·洪范》，北京大学出版社，1999，第298页。

显然是推算的结果,而类似这样的推算,正是战国时期中国天文学的特征。例如《吕氏春秋》和《礼记·月令》中关于每个月的日所在和晨中昏星。商周之交的天文学,则远没有这样的本领。做这样推断的唯一前提,就是伐纣过程在冬至及其后的一段时间,而这正是《尚书·武成》历日的记载。实际情况可能是这样:伶州鸠(甚至战国时人假托伶州鸠)正是根据《尚书·武成》历日推断出"月日辰星"天象,以至"五位三所"的结论。①

显然,刘次沅先生的论述是建立在"商周无朔论"的基础上的。推算固然是"战国时期中国天文学"的特征,但不能就此认为"商周之交的天文学,远没有这样的本领"。商周时期,中央王朝和各诸侯国都设有专门负责观测和推算天象的机构和人员。按《周礼·春官》:"大史掌建邦之六典,以逆邦国之治……正岁年以序事,颁之于官府及都鄙,颁告朔于邦国。"大史之下有"冯相氏"和"保章氏",二者的具体职能有所不同,"冯相氏重在岁月星辰历算,保章氏重在天文变异吉凶"(孔颖达语)。"保章氏"侧重于用星辰运动、星土分野、太岁行度、日旁云气、律吕风气这五种方式来占验吉凶,救止政失,预言来事。因此可以说,商周之交的天文学家也具有推算的本领。

八、西周的朔日施政制度

周公所作周礼中,包括朔日施政制度。按《尚书·周官》曰:

---

① 刘次沅:《从天再旦到武王伐纣——西周天文年代问题》,世界图书出版公司,2006,第116、118页。

仰惟前代时若，训迪厥官。立太师、太傅、太保，兹惟三公。论道经邦，燮理阴阳。官不必备，惟其人。少师、少傅、少保，曰三孤。……冢宰掌邦治，统百官，均四海。司徒掌邦教，敷五典，扰兆民。宗伯掌邦礼，治神人，和上下。司马掌邦政，统六师，平邦国。司寇掌邦禁，诘奸慝，刑暴乱。司空掌邦土，居四民，时地利。六卿分职，各率其属，以倡九牧，阜成兆民。①

引文中的天官冢宰、地官司徒、春官宗伯、夏官司马、秋官司寇、冬官司空，又称为"六卿"。汉景帝、武帝年间，河间献王刘德最早收藏《周官》（即《周礼》），因缺《冬官》，补充以《考工记》。朔日施政制度，就是六卿在正月朔日发布政令的制度。按《周礼》曰：

太宰之职……正月之吉，始和，布治于邦国都鄙，乃县治象之法于象魏，使万民观治象，挟日而敛之。注曰：正月，周之正月。吉，谓朔日。大宰以正月朔日，布王治之事于天下，至正岁，又书而县于象魏，振木铎以徇之，使万民观焉。疏曰：谓"建子"，周之正月言之。"吉"，谓朔日也。……当月即颁布此治职文书于诸侯邦国、卿大夫都鄙。……"挟日"者，从甲至甲，凡十日，敛藏之于明堂，于后月月受而行之，谓之告朔也。②

大司徒之职……正月之吉，始和，布教于邦国都鄙，乃

---

① 李学勤主编：《尚书正义·周官》，北京大学出版社，1999，第483—484页。
② 李学勤主编：《周礼注疏·天官·太宰》，北京大学出版社，1999，第24、41—42页。

县教象之法于象魏，使万民观教象，挟日而敛之，乃施教法于邦国都鄙，使之各以教其所治民。注曰：正月之吉，周正月朔日也。①

大司马之职……正月之吉，始和，布政于邦国都鄙，乃县政象之法于象魏，使万民观政象，挟日而敛之。注曰：以正月朔日布王政于天下，至正岁又县政法之书。疏曰：正月，谓周正建子之月。之吉，谓朔日。始和，凡政有故，言始和者，若改造云耳。②

大司寇之职……正月之吉，始和，布刑于邦国都鄙，乃县刑象之法于象魏，使万民观刑象，挟日而敛之。注曰：正月朔日，布五刑于天下，正岁又县其书，重之。疏曰："正月之吉"者，谓建子之月，正月一日也。③

关于"正月之吉"，杨天宇先生《周礼译注》释曰：

"正月之吉"郑注："正月，周之正月。吉，谓朔日。"案：周历以十一月为岁首，是周之正月，即夏历之十一月。朔日，初一。④

台湾学者林尹先生的《周礼今注今译·太宰》释曰：

① 李学勤主编：《周礼注疏·地官·大司徒》，北京大学出版社，1999，第241、263页。
② 李学勤主编：《周礼注疏·夏官·大司马》，北京大学出版社，1999，第759、763页。
③ 李学勤主编：《周礼注疏·秋官·大司寇》，北京大学出版社，1999，第902、908页。
④ 杨天宇：《周礼译注》，上海古籍出版社，2004，第26、154、416、511页。

《今注》：吉，谓朔日，即月之初一。①

九、朝享、视朔与祭祀制度

周王即政，必在正月朔日，同日"必以朝享之礼祭于祖考"。成王即政时，以朝享之礼献祭于文王、武王之庙，禀告嗣位大事，诸侯前来助祭。《毛诗正义·烈文》曰：

成王即政，诸侯助祭也。传曰：新王即政，必以朝享之礼祭于祖考，告嗣位也。疏曰：《烈文》诗者，成王即政，诸侯助祭之乐歌也。谓周公居摄七年，致政成王，成王乃以明年岁首，即此为君之政，于是用朝享之礼祭于祖考，有诸侯助王之祭。……以新王即政，必以朝享之礼，祭于祖考庙，告己今继嗣其位。有此祭，故诸侯助之也。……朝享者，朝庙受政而因祭先祖，以月朔为之。……《祭法》天子亲庙与太祖皆月祭之，是其事也。人君即政，必以月正元日，此日于法自当行朝享之礼，故知成王即政，用此礼以祭，而有诸侯助之也。新王即政，以岁首朔日，则是周正月矣。……案《洛诰》说周公致政之事云："烝祭岁，文王骍牛一，武王骍牛一。王命作册，逸祝册，惟告周公其后。"注云："岁，成王元年正月朔日也。用二特牛祫祭文王、武王于文王庙，使史逸读所册祝之书告神，以周公其宜为后，谓封伯禽也。"②

---

① 王云五主编，林尹注译：《周礼今注今译·太宰》，台湾商务印书馆，1972，第15页。

② 李学勤主编：《毛诗正义·烈文》，北京大学出版社，1999，第1289—1290页。

由《烈文》诗可见，周王即政，必在周正建子之岁首朔日，"必以朝享之礼祭于祖考，告嗣位也"。按《洛诰》，成王即政时，以朝享之礼献祭于文王、武王之庙，"文王骍牛一，武王骍牛一"。在文王庙中，告知册封伯禽为鲁公一事。又，诸侯来朝时，成王率领诸侯祭祀武王庙，《载见》即是歌颂成王率领诸侯祭祀武王之诗。据《毛诗正义·载见》记载：

> 诸侯始见武王庙之乐歌也。疏曰：谓周公居摄七年，而归政成王。成王即政，诸侯来朝，于是率之以祭武王之庙。诗人述其事而为此歌焉。……诸侯之来，必先朝而后助祭。……于此乃言始见于武王庙者，以成王初即王位，万事改新，成王之于此时亲为祭主，言诸侯于成王之世始见武王，非谓立庙以来诸侯始见也。《烈文》成王即政，诸侯助祭，笺以为朝享之祭，则是周之正月朔日也。[1]

《礼记正义·玉藻》曰：

> 天子玉藻……玄端而朝日于东门之外，听朔于南门之外，闰月则阖门左扉，立于其中。……诸侯玄端以祭，裨冕以朝，皮弁以听朔于大庙，朝服以日视朝于内朝。注曰：朝日，春分之时也。东门、南门，皆谓国门也。天子庙及路寝，皆如明堂制。明堂在国之阳，每月就其时之堂而听朔焉。……闰月，非常月也。听其朔于明堂门中。……凡听朔，必以特牲

---

① 李学勤主编：《毛诗正义·载见》，北京大学出版社，1999，第1336—1337页。

告其帝及神，配以文王、武王。……凡每月以朔告神，谓之告朔。即《论语》云"告朔之饩羊"是也。则于时听治此月朔之事，谓之"听朔"。……听朔又谓之"视朔"……告朔又谓之"告月"。……讫，然后祭于诸庙，谓之"朝享"……又谓之"朝庙"……又谓之"朝正"……又谓之"月祭"。[①]

《礼记译注·玉藻》则曰：

听朔，案天子及诸侯每月初一要杀牲，到宗庙行"告朔"礼，即把初一这天的到来报告给祖先之神，告朔而后处理朝政，就叫"听朔"，也叫"视朔"。"听朔"是在南门外的明堂进行的，故曰"听朔于南门之外"。[②]

周公去世之后，成王为了褒扬其功德，特许鲁国的国君可以举行郊祭并祭祀文王。《礼记正义·祭统》曰：

昔者，周公旦有勋劳于天下。周公既没，成王、康王追念周公之所以勋劳者，而欲尊鲁，故赐之以重祭。外祭则郊、社是也；内祭则大尝禘是也。夫大尝禘……此天子之乐也。康周公，故以赐鲁也。子孙纂之，至于今不废，所以明周公之德，而又以重其国也。[③]

---

① 李学勤主编：《礼记正义·玉藻》，北京大学出版社，1999，第872、878—880页。
② 杨天宇：《礼记译注》，上海古籍出版社，2004，第361页。
③ 李学勤主编：《礼记正义·祭统》，北京大学出版社，1999，第1366—1367页。

《春秋左传》中记载的鲁国举行的郊天、禘祫等大祭，采用的都是周天子的礼乐规格。孔子在《春秋左传》一书中，对此或褒或贬。如《春秋左传正义·僖公五年》曰：

> 五年，春，王正月，辛亥朔，日南至。公既视朔，遂登观台以望。而书，礼也。注曰：视朔，亲告朔也。观台，台上构屋，可以远观者也。朔旦冬至，历数之所始。治历者因此则可以明其术数，审别阴阳，叙事训民。疏曰：辛亥朔者，月一日也。日南至者，冬至日也。天子班朔于诸侯，诸侯受而藏之于大祖庙，每月之朔，告庙受而行之。……公既亲自行此视朔之礼，遂以其日往登观台之上，以瞻望云及物之气色，而书其所见之物，是礼也。……视朔者，月朔之礼也。登台者，至日之礼也。公常以一日视朔，至日登台。但此朔即是至日，故视朔而遂登台也。[①]

上段史料记载的是僖公五年（前655年）正月辛亥朔，日南至（日南至即冬至日），鲁僖公亲自登上观象台观测天象之事。这从一个侧面表明，西周时代以日月合朔于冬至作为历日推步的起点。

十、补记

这里就古《周历》中记载的"建丑""建亥"之事，作出一些补充。太史公曰："夏正建寅，殷正建丑，周正建子。"文王受命改正

---

① 李学勤主编：《春秋左传正义·僖公五年》，北京大学出版社，1999，第338—339页。

朔，以冬至所在之月为岁首。牛继清先生在《"夏政""商政"辨正——附论"三正说"》一文中提出："周之正月建于所谓子者，固多；然亦有建于丑者，甚至有建于亥者。……然则三正之说，不攻自破。"这里出现的建正偏差，是由历法误差导致的。本书第二章已经指出，古周历以冬至所在之月为岁首，以四中气正定四仲之月为置闰规则，五年两闰。"周正建子"，以日月合朔于冬至日为历元，由于朔日和冬至点的测定都存在误差，每次颁朔一年，累计误差估计不大于三日。而朔日和冬至日的偏差，必然会导致四中气和朔日之间的月份出现偏差，造成提前或滞后置闰，使岁首成为建丑或建亥，但不久后，其就会自动恢复为建子。只要在大多数年份都保持"周正建子"，对于历法的总体影响就不会很大。因此，我们不能就此否定"周正建子"。

十一、本章重要结论

Ⅰ.周王室及各诸侯国都以"春秋"为名记史，当时的诸侯国虽有数百，但是其"春秋"流传下来的，唯有《鲁春秋》。孔子修《春秋》始于鲁隐公元年，故西周时期的编年史都没有流传下来。至于《尚书》，西汉时期，有经过刘向、刘歆父子整理的孔府壁藏本古文《尚书》和伏生今文《尚书》，二者在永嘉之乱中俱亡佚。今存者仅东晋梅赜的《伪孔传尚书》，但经清代学者考证，其中的三十三篇乃由伏生所传今文《尚书》二十九篇（或云二十八篇）所分出，内容与今文《尚书》基本相同；其余二十五篇，则疑为晋人之伪作，故不妨看作古文《尚书》的西晋辑佚本。尽管其内容存在错讹、缺失，但仍具有较高的史料价值。

随着岁月流逝，许多古代文献，特别是西周及其以前的文献都已不复存在，仅仅凭借"现所知文献"便推断出"朔"字首见于《诗·小雅·十月之交》"朔日辛卯，日有食之"的结论，进而将"朔日始见"的时间定为西周晚期到东周初年，显然是不合适的。

Ⅱ. 反对"三正"说的学者，将古天文历法发展过程划分为观象授时和推步历法两个阶段，并以春秋后期的古四分历作为最早的推步历法，据此将夏、商、西周的历法简单地划入观象授时阶段，认为不存在所谓的"三正"和"正朔"，更遑论"改正朔"了。

Ⅲ. 自帝喾、帝尧父子创建阴阳合历以来，历法的建正经历了一个漫长的演变过程。尧、舜、禹的禅让是顺天命，建正不变。商汤伐桀、武王伐纣则是革命，必改正朔。这无疑表明，"夏正建寅、殷正建丑、周正建子"的三正之说是真实存在的。

Ⅳ. 礼乐建立在正朔的基础之上。早在尧舜时代，时人就已经形成对朔日的认识，商周时期，时人在正朔的基础上分别创建了殷礼和周礼。

Ⅴ. 尧舜时代，"天子五年一巡守"，据此推断，当时的历法采用的是"三岁一闰，五岁再闰"的闰法，这一闰法一直沿用到西周时期。直到春秋后期的古六历创建时代，才形成十九年七闰的古四分历。

第六章

论五行起源

大衍筮法源于阴阳五行，阴阳五行的核心是历法。本章试图通过探讨五行的起源和演变过程，以期对阴阳五行思想有一个整体的了解。

　　1998 年，美国学者爱兰先生（S.Allan）编写的《中国古代思维模式与阴阳五行说探源》由江苏古籍出版社出版，该书分别从哲学、天文学、医学、政治学、神话和祭祀等方面来探讨五行的内涵和形成过程。该书首篇为英国学者葛瑞汉先生（A.C.Graham）的《阴阳与关联思维的本质》。葛瑞汉先生利用西方哲学概念对中国传统思维模式做出阐释后提出："关联思维是人类思维的一种普遍的思维形式，具有分析思维所无法取代的作用。这是一种特殊的前科学的思维，它与神话和宗教是有密切关系的。"该文受到西方汉学界的高度重视，凡讨论阴阳五行说，无不以其为出发点或重要参照。[①] 艾兰先生的《中国早期哲学思想中的本喻》和瑞士学者鲍海定先生（Jean-Paul Reeding）的《隐喻的要素：中西古代哲学的比较分析》，均用西方喻象理论来研究中国五行学说。美国学者马绛先生在《神话、宇宙观与中国科学的起源》一文中，把中国古代宇宙观归纳为"道"，提出"道是唯一的宇宙法则，五行源于五大行星"。西方学者多将中国早期文献视为神话，作为研究用的文献最早限于老子、孔子及其以后的诸子。这一

---

　　① ［美］艾兰等主编：《中国古代思维模式与阴阳五行说探源》，江苏古籍出版社，1998，前言第 2 页。

取材方法，对于五行起源的研究造成相当大的局限性。

整体而言，国内外学者关于五行起源的研究可谓异彩纷呈。究其原因在于，五行的形成年代相当久远，影响相当广泛，从不同的视角观察会得到不同的认识。因此，要考证阴阳五行说的起源，首先要认识中华民族的历史，并且只有追寻到历史的源头，才有可能发现阴阳五行学说形成的社会文化背景。在众多历史源头中，无疑应该包括史前的神话传说、原始的宗教信仰等。艾兰先生在论述阴阳五行时涉及的哲学、天文学、医学、政治学、神话和祭祀等诸多领域中，古天文学的诞生最为接近中华民族历史和文化的源头，因为中华民族的最早历史记载就是伏羲观天法地。伴随着从观象授时到推步历法的转变，古人通过天文观测形成了季节和方向的概念，产生了原始的时间和空间，创建了古天文历法。古人出于对天和天神的宗教信仰，建立了祭祀和礼。西方的喻象理论和喻象思维源于象思维，而象思维来源于观象授时，五行是观象授时时代的象思维的产物。从某种意义上来说，不研究观象授时，就不可能懂得五行的起源。

梁启超先生、顾颉刚先生等把五行的起源归结为战国时期邹衍的"五德终始"说。笔者认为，"五德终始"说是五行思想在发展过程中出现的、天命观中的一个流派而已，而"五行相生""五行相克"等学说，是在地道五行概念形成之后才出现的。

郭沫若先生从夏商周时期对天的宗教信仰入手，将五行的起源追溯到殷商时代。胡厚宣先生从殷墟甲骨卜辞出发，将五行的起源归结为四方（五方）。这就意味着五行的起源，一定在五方的建立之后。

王小盾先生指出，五行起源过程中最重要的事件是五官制度的形成，而"少皞氏立五官"的基础是历法五官之制。历法五官之制应起源于"星历"中的五行之制。① 这是一个很有价值的认识。

四方和五官都是在古天文历法发展的过程中形成的，都与古人对天的信仰有关。五官作为五行创建之后的社会管理方式，更为接近五行的源头。远古社会中最高的信仰是对天和祖先的信仰，而这种信仰是在古天文历法发展的过程中形成的。如此一来，在古天文历法的发展过程中寻求五行的起源，就成为研究五行起源的基本思想。

一、中国近现代学者对五行起源研究的概述

近现代关于五行起源的研究和争论，发端于民国初年的古史辨学派。

从传世文献来看，"五行"一词最早见于《尚书》中的《甘誓》《洪范》。有鉴于此，古史辨学派从否定这两篇文献的成书年代入手，对"五行"形成的时代提出质疑。1921 年，梁启超先生率先提出：

> 《尚书·甘誓》云："有扈氏威侮五行，怠弃三正。"且金木水火土之五行，何得云威侮？又何从而威侮？与后世五行说绝不相蒙盖无疑。
>
> 《洪范》所谓"五行"，不过将物质区为五类，言其功用及性质耳，何尝有丝毫哲学的或术数的意味？
>
> 除《书经》两文外，《诗经》《仪礼》《易经传》，乃至《老子》《论语》《孟子》，皆不见有"五行"二字连文者。
>
> 由此观之，春秋战国以前所谓阴阳，所谓五行，其建设之传播之，宜负罪责者三人焉：曰邹衍，曰董仲舒，曰

---

① 王小盾：《从"五官"看五行的起源》，《中华文史论丛》2008 年第 1 期。

刘向。[①]

1925 年，梁启超先生的弟子刘节先生进一步提出："《洪范》一篇，实非周初箕子所传。其著作时代当在秦统一中国以前，战国之末。"[②]1930 年，古史辨学派代表人物顾颉刚先生在《五德终始说下的政治和历史》一文中，进一步论证了《洪范》出自战国之末，其中记载的五行之说是邹衍一代人的学说，《甘誓》所说的"五行"引自《墨子》。《墨子》成书于战国末期或西汉初年，"五行"概念为后人所加。《国语》《左传》中虽然屡见"五行"，但两书均成书于战国，再加上刘歆的窜乱，绝不能径看作春秋时代的史料。[③]顾先生的文章对后世产生了很大的影响。

郭沫若先生的《中国古代社会研究》一书出版于 1930 年 3 月，其中关于五行起源的论述很有价值，故摘录于下：

> 《洪范》九畴是天予"天子"治国平天下的大法，是一个
> 严整的神权政治的系统。所谓水火金木土，是自然界的五大
> 原素，大约宇宙中万事万物就是由这五大原素所演化出来的。
> 它的着眼是在说明：宇宙中万事万物由分析与化合的作用演
> 进而成。五行本身的相生相克，在《洪范》里面虽然找不出
> 这个痕迹来，但是由五行而化生万物，那是鲜明地表显着的。

---

① 梁启超：《阴阳五行之来历》，载顾颉刚主编：《古史辨》第五册，海南出版社，2005，第 202—204 页。

② 刘节：《洪范疏证》，载顾颉刚主编：《古史辨》第五册，海南出版社，2005，第 227—236 页。

③ 顾颉刚：《五德终始说下的政治和历史》，载顾颉刚主编：《古史辨》第五册，海南出版社，2005，第 237—356 页。

《甘誓》当是殷代的文字，应该归入《商书》，其中的五行是指金木水火土。《洪范》总不是伪书。《商书》和《周书》都应该经过殷周的太史及后世的儒者的粉饰。五行观念起源于殷代对五方或五示（祀）的崇拜。

在天为五行，在人为五事。有了自然界的五行，然后才有人事界的五事，然后才有农政历数的产生。这些是操在上帝的手里，交给她的儿子，叫他来替天行道。①

郭沫若先生的认识显然是不同于顾文的重要见解，但可惜的是，郭沫若先生没有就此作进一步的专题论证，故其影响远不如顾文。更为遗憾的是，郭沫若先生后来在相当大程度上接受了古史辨学派的主要观点，并在《中国古代社会研究》再版时以"补注"方式对自己的观点作了修正。

其后，钱穆先生对邹衍"五德终始"说和"刘歆窜乱"说提出不同意见。② 陈槃先生关注的是老子的阴阳五行思想。③ 童书业先生提出，《墨子》和《洪范》成书于战国早期，《甘誓》成书于春秋末期或战国初期。④

学界对于《洪范》《甘誓》《尚书》的创作年代，亦存在着严重争议。徐复观先生的认识尤值得注意。1982 年，徐复观先生在《阴阳五

---

① 郭沫若：《中国古代社会研究》，载氏著：《郭沫若全集·历史编》，北京人民出版社，1982，第 95—96、132—134 页。

② 钱穆：《评顾颉刚〈五德终始说下的政治和历史〉》，载顾颉刚主编：《古史辨》第五册，海南出版社，2005，第 357—364 页。

③ 陈槃：《写在〈五德终始说下的政治和历史〉之后》，载顾颉刚主编：《古史辨》第五册，海南出版社，2005，第 379—385 页。

④ 童书业：《五行说起源的讨论——评顾颉刚先生〈五德终始说下的政治和历史〉》，载顾颉刚主编：《古史辨》第五册，海南出版社，2005，第 387—392 页。

行及其有关文献的研究》《由〈尚书·甘誓〉〈洪范〉诸篇的考证看有关治学的方法和态度问题》两文中，以《尚书》为例，把古代文献划分为三大类：

> 第一类是开始并无原始文献，而只有许多口头传说，到了文化发展到更高的阶段时，即由史官加以整理、编纂，把口头的材料写成文字的材料。《尚书》中的《尧典》《皋陶谟》《禹贡》当属于这一类。对于这种材料，既不可因在大体上可以承认是真，便任由传说而来的每一内容都是真的；也不可以因为内容的某些部分不可信，因而将其全部故事也加以推翻，并且可信与不可信之间，是非常不易断定，万不可掉以轻心的。

> 第二类的材料，为将原典重加整理过的材料。在整理时，不免把原文加以今译，因而杂有整理时的名词、口吻、气氛，但对于原有的底子并未加以改变。今日《尚书》中的《甘誓》《汤誓》《高宗肜日》《西伯戡黎》《微子》《洪范》等皆是。而负责整理的人，有三种可能：《甘誓》《汤誓》等，可能是由西周的史臣所整理的；《洪范》是古代王者所积累的政治法典，它经过了箕子及周室的两重整理；又其次是由传承学者所作的小整理。

> 第三类是传承下来的原始资料。《盘庚》《周书》大体属于这一类。[①]

---

① 徐复观：《中国思想史论集续编》，上海书店出版社，2004，第20—23页。

徐复观先生关注的是《甘誓》《洪范》的思想内容。他指出：

> 从《甘誓》的思想内容看，非常单纯质朴，决找不出春秋时代及其以后所发展的有关政治道德方面的内容。此篇的原始材料，乃夏典之遗，经周代史官及孔门加以整理过的。[①]
>
> 《洪范》之五行与邹衍以后之五行，有本质上的不同。夏禹在治水后，急于重建民生，因而在政治上特重视六府或五行的设施，故箕子所传承的《洪范》首先将其提出，是可以相信的。[②]

余以为，徐复观先生研治古代文献的思想和方法值得借鉴，其对《尧典》《洪范》《甘誓》的成书年代以及对"五行"的认识等，均具有重要的参考价值。

二、胡厚宣先生、杨树达先生、沈建华先生对五行起源的研究

1930 年，郭沫若先生提出："五行观念起源于殷代对五方或五示（祀）的崇拜。"[③]1941 年，胡厚宣先生发表《甲骨文四方风名考证》一文，1944 年又发表《论殷代五方观念及中国称谓之起源》一文。胡厚宣先生在两文中提出并论证了殷商时期已存在"五方"概念的观点。

① 徐复观：《中国思想史论集续编》，上海书店出版社，2004，第 28 页。
② 徐复观：《中国思想史论集续编》，上海书店出版社，2004，第 40 页。
③ 郭沫若：《中国古代社会研究》，载氏著：《郭沫若全集·历史编》，人民出版社，1982，第 133 页。

殷代已有中东南西北五方之观念明矣。又由武丁时卜辞知，殷人已有先祖死后可以配天，在帝左右，供其驱遣之观念。此配天、在帝左右之先祖，至廪辛、康丁时，又称帝臣，亦称帝五工臣，亦称帝五工。帝臣之有五，当由五方而来。盖上帝为人间中东南西北五方之主宰，为帝之臣者，遂亦有五数。然则此即后世五行学说之滥觞。五行之观念在殷代颇有产生之可能，未必即全为战国以后之物也。①

1954 年，杨树达先生在胡厚宣观点的基础上，在《甲骨文中之四方神名与风名》一文中提出"四方"乃"四季"之神名的观点。

东方曰析。《尧典》言"平秩东作，日中星鸟，以殷仲春"。盖东为春方，春为草木甲坼之时，故殷人名其神曰析也。南方曰夹。《尧典》言"平秩南讹，日永星火，以正仲夏"。盖南为夏方，夏为草木著荚之时，故殷人名其神为荚也。西方曰粜。《尧典》言"平秩西成，宵中星虚，以殷仲秋"。盖西为秋方，草木众实，故殷人名其神为粜也。北方曰宛。《尧典》言"平在朔易，日短星昴，以正仲冬"。盖北为冬方，冬时阳气闭藏，万物潜伏，有蕴郁覆蔽之象，故殷人名其神曰宛。

四方与四时相配，为古籍中恒见之说。至《礼记·月令》《吕氏春秋·十二纪》《淮南子·时则训》等则于四方之外增中央为五方，以与五行五音五味五臭五祀之属相并，以配入

---

① 胡厚宣：《甲骨文四方风名考证》《论殷代五方观念及中国称谓之起源》，载氏著：《甲骨学商史论丛初集》，齐鲁大学国学研究所，1944，第385—386页。

于四时矣。于是句芒为木……神亦与五行相配而有五矣。①

1941 年，胡厚宣先生在《甲骨文四方风名考》中，提出甲骨文与《山海经》《尧典》中的四方神名和四方风名相同的观点。1956 年，胡厚宣先生在《释殷代求年于四方和四方风的祭祀》（下简称《求年》）一文中，进一步阐述了由四方到五行的演化轨迹：

> 在甲骨文，仅有以四方与四时相连属的观念和萌芽，到《尧典》，则明白的以春夏秋冬四时配合了四方，并以初昏星象，推定四时四仲的季节。后来演变到《吕氏春秋·十二纪》《礼记·月令》《淮南子·时则训》等，则由十二节逐渐完成了二十四节气。又与四方四时之外，另加中央为五方，以与五行相配合。到《管子·四时》，则于五行之外又加上阴阳，才构成了在四时五方中阴阳五行的全部体系。其由甲骨文逐渐演化的踪迹，还可以清楚的辨得出来。②

值得注意的是，胡厚宣先生在《求年》中考证了武丁时的一块大龟腹甲。该龟甲由六片碎龟甲残片（乙 4548、乙 4794、乙 4876、乙 5161、乙 6533、京 428）拼合而成，其上刻有六条贞雨求年的卜辞：

> 辛亥，内，贞今一月帝命雨；
> 辛亥卜，内，贞今一月帝不其命雨；

① 杨树达：《甲骨文中之四方神名与风名》，载氏著：《积微居甲文说》，科学出版社，1954，第 54—56 页。
② 胡厚宣：《释殷代求年于四方和四方风的祭祀》，《复旦学报（社会科学版）》1956 年第 1 期。

辛亥卜，内，贞帝（禘）于北方（曰）勹，（凤）曰役；

辛亥卜，内，贞帝（禘）于南方曰微，凤（风）曰；

贞帝（禘）于东方曰析，凤（风）曰劦；

贞帝（禘）于西方曰彝，凤（风）曰韦。[①]

胡厚宣先生在《求年》中进一步提出：

> 殷人求年于四方和四方风，特别要举行禘帝。禘是一种"大祭"，意思是祭以上帝之礼，故字即借"帝"字为之。甲骨文没有祭上帝的卜辞，惟祭先公常用禘礼。因先公可以宾帝配天，故以帝礼祭之。风为帝使，在帝左右，又于云雷虹雨诸神来自四方。殷人把四方和四方风当作了受帝驱使的农业神，故亦以帝礼禘祭之。[②]

上述六条贞雨求年的卜辞，记录的是禘祭昊天上帝和明堂祭五帝时求雨的贞卜结果，祭五帝之礼与《周礼·大宗伯》所谓的"五祀"[③]和《小宗伯》所谓的"兆五帝于四郊"之礼相合。由此可知，至迟在武丁时代，商人已经形成了四季、四方和五行体系中的五方帝、五正

① 胡厚宣：《释殷代求年于四方和四方风的祭祀》，《复旦学报（社会科学版）》1956年第1期。

② 胡厚宣：《释殷代求年于四方和四方风的祭祀》，《复旦学报（社会科学版）》1956年第1期。

③ 《周礼·大宗伯》曰："以血祭祭社稷、五祀、五岳。"郑玄注曰："五祀者，五官之神在四郊，四时迎五行之气于四郊，而祭五德之帝，亦食此神焉。少昊氏之子曰重，为句芒，食于木；该为蓐收，食于金；脩及熙为玄冥，食于水。颛顼氏之子曰黎，为祝融、后土，食于火土。"疏曰："'玄谓此五祀者，五官之神在四郊'者，生时为五官，死乃为神，配五帝在四郊。故郑云四时迎五行之气于四郊也。……按《月令》，四时皆陈五德之帝，太昊、炎帝、黄帝、少昊、颛顼。"

等概念。《求年》中出现的"受年",是指祈祷风调雨顺、农业丰收的祭年之礼。原为四方受年,到帝乙、帝辛时,又加一中商,而祭卜五方受年。

> 己巳,王卜,贞今岁商受年,王占曰:吉;
>
> 东土受年,吉;
>
> 南土受年,吉;
>
> 西土受年,吉;
>
> 北土受年,吉。(粹 907)

此贞商和东南西北四方受年之辞。"商"者,他辞又称"中商"。如言:

> 戊寅卜,王,贞受中商年。十月;(前 8, 10, 3)
>
> □巳卜,王,贞于中商乎御方。(佚 348)
>
> ……于中商。(京 1558)
>
> 庚辰卜,中商。(乙 9078)

中商即是商。前引卜辞于商称大邑,犹言首都商。此称"中",犹言中央商。中商和东南西北并贞,是殷代已有中东南西北的五方观念,为后世五方五行之滥觞。[①]

在禘祭中合祭昊天上帝与五方帝,说明五方帝是昊天上帝的部属。在受年中,以四方和中商合而为五方受年,说明四方诸侯是商王的部属,商王受命于天帝,统治四方诸侯。这是天人合一的五行体系。胡厚宣先生把五行起源追溯到殷商时代,且以殷墟甲骨卜辞为研究素材,

---

① 胡厚宣:《释殷代求年于四方和四方风的祭祀》,《复旦学报(社会科学版)》1956 年第 1 期。

不受传世文献真伪的影响，所以其结论具有较高的可信性。因此，我们可在胡先生认识的基础上，向更为遥远的亘古追溯五行的起源。

沈建华先生同样注意到四方风和东西南北中五方对五行起源的作用。他在《从殷代祭星郊礼论五行起源》一文中指出：

> 从以四方风名配四方风神，殷人已观察到日月星辰与四季的关系，祭廿八宿星名，并以祖配天。这些正是与古代历法《夏小正》《月令》，同一个系统的产物。商人在祭星郊天的活动中，自然方位成了最重要的一个具有特殊意义的象征。"五帝"思想，是结合了东西南北中的概念而产生的。今天如果不是以五行的原始形态来探讨它的文化内涵，那么，对五行的形成发展演变，就不能有一个全面的认识和了解。
>
> 五帝为：黄帝居中，具土德；太皞居东方，具木德，主春；炎帝居南方，具火德，主夏；少皞居西方，具金德，主秋；颛顼居北方，具水德，主冬。方位创立五帝。方向，是五行思想中最基本原始的定义。[①]

郭沫若先生、胡厚宣先生、杨树达先生、沈建华先生等均注意到五方和古人对五方的崇拜，并认为五方是五行的滥觞和"最基本原始的定义"。郭沫若先生提到五方和五祀，胡厚宣先生提到四方（五方）、四方风和五方受年，杨树达先生提到四方（五方）和四季之神，沈建华先生提到四方（五方）、四方风和五方帝。其中，四方风、五方受年和四季之神是古人对自然神和天的崇拜，五祀和五方帝是古人对祖先的崇拜。应该注意的是，四方（五方）并不是被崇拜的本体。在五

---

① 沈建华：《初学集：沈建华甲骨学论文选》，文物出版社，2008，第49—56页。

行体系中，受到崇拜的神灵是五位一体的，五方则用来标明神灵的方位。因此，五方只是五行演化过程中一个重要的位置要素，并不足以成为五行的滥觞，五行的起源要比五方久远得多。

综上所述，五方帝、五祀、四方风、五方受年、四季之神乃至四方（五方）本身在内，都是古人在认识四时和日月星辰运行规律的过程中形成的概念，是历法创建和发展过程中的重要概念。归根结底，唯有从历法入手，才能找到五行的真正起源。

三、五行的本质是历法概念

"五行"作为历法概念，是在历法创建和发展的过程中形成的，故探讨"五行"的起源，首先应从历法文献入手。《管子·四时》曰：

> 昔黄帝以其缓急作五声，以正五钟。五声既调，然后作立五行，以正天时，五官以正人位。
>
> 注：作，始也，见《广雅·释诂》。此"作立"，始立也。①

作，《说文》释曰："作，起也。"段玉裁注："《秦风·无衣传》曰：'作，起也。'《鲁颂·駉》传曰：'作，始也。'"② 此处之"作立"是创立、创始、创建之义。黄帝先创立五声，以正五钟。再创建五行，以正天时。五声属于乐律学的范畴，古人以律定历，乐律决定历法，故《律历志》是正史书志中十分重要的内容之一。管子认为，黄帝创建

---

① 黎翔凤撰，梁运华整理：《管子校注》，中华书局，2004，第865、868页。
② [汉] 许慎撰，[清] 段玉裁注：《说文解字注》，上海古籍出版社，1981，第374页。

五行以正四时,同时设立五官以管理之。五行既然有正定四时的作用,故当为历法概念。管仲为春秋早期齐国著名的政治家、军事家,曾辅佐齐桓公成为春秋五霸之首。《管子》成书于战国时期的稷下学宫,是先秦时期各学派的言论汇编,内容多来源于太史传承。由此推知,黄帝创建五行之说应来自古天文历法。

《史记·历书》曰:

> 太史公曰:神农以前尚矣。盖黄帝考定星历,建立五行。起消息,正闰余,于是有天地神祇物类之官,是谓五官。各司其序,不相乱也。
>
> 正义应劭云:"黄帝受命有云瑞,故以云纪官。春官为青云,夏官为缙云,秋官为白云,冬官为黑云,中官为黄云。"按,黄帝置五官,各以物类名其职掌也。①

太史公所谓的"盖黄帝考定星历,建立五行",表明黄帝设立五行的目的,在于根据四时的变化创建星历,以满足农业生产的需求。"起消息"指寒暑冷暖的四时变化;"起"为发生之义;"消息"指阴阳二气的升降消长;"正闰余"指设立闰月以正天时。太史公比管仲晚生了七百多年,由于秦始皇焚书坑儒,大量先秦典籍被毁。再加上黄帝事迹多为上古传说,故太史公在陈述之前加一"盖"字,提出此事尚待进一步考证。

《汉书·律历志中》引汉武帝之言曰:

---

① [汉] 司马迁撰,郭逸等标点:《史记》,上海古籍出版社,1997,第1044页。

　　盖闻古者黄帝合而不死，名察发敛，定清浊，起五部，建气物分数。

　　集解应劭曰："言黄帝造历得仙，名节会，察寒暑，致启分，发敛至，定清浊，起五部。五部，金、木、水、火、土也。建气物分数，皆叙历之意也。"孟康曰："合，作也。黄帝作历，历终而复始，无穷已也，故曰不死。名春夏为发，秋冬为敛。清浊，为律声之清浊也。"五部"谓五行也。天有四时，分为五行也。气，二十四气也。物，万物也。分，历数之分也。"[①]

　　应劭所谓的"五部"，即是五行。"建气物分数"即指建立天象、季节与物候现象之间的对应关系，也就是早期的星历。"气"即指阴阳寒暑运行之气。"物"即指物候现象。"分数"就是后来的节气。孟康所谓的"五部，五行也。天有四时，分为五行"，即指古人为了认识四时的变化规律，把天穹中可以授时的星宿按其所在天区划分为五宫或五部。由于"五宫"星宿的运行昭示出春夏秋冬四时，所以又称"五行"。又由于"五宫"星宿的运行一定伴随着阴阳二气以及节气的周流变化，所以"五行"又称"五行之气"，简称"五气"。孔颖达疏《洪范》曰："谓之行者，若在天则五气流行，在地世所行用也。"[②] 即是此意。

　　《晋书·律历志中》又曰：

　　逮乎炎帝，分八节以始农功，轩辕纪三纲而阐书契，乃

[①] [汉] 班固撰，[唐] 颜师古注：《汉书》，中华书局，2005，第845页。
[②] 李学勤主编：《尚书正义》，北京大学出版社，1999，第302页。

使羲和占日，常仪占月，臾区占星气，伶伦造律吕，大挠造
甲子，隶首作算数。容成综斯六术，考定气象，建五行……
谓之《调历》。[1]

《晋书·律历志中》此段文字叙述的是远古历法的历史，所谓"逮
乎炎帝，分八节以始农功"，是说炎帝根据农作物的生长规律，把一
年分为八个时段，指导人们适时耕种。后世据此建立了分、至、启、
闭的八节。[2] 先秦一直使用八节历法，汉武帝时期实施的《太初历》
首次将二十四节气纳入历法。所谓"轩辕纪三纲而阐书契"，是说黄
帝建立君臣、父子、夫妻之三纲，并以文字的形式记载下来。《晋
书·律历志中》所谓的"羲和""常仪""臾区""伶伦""大挠""隶
首""容成"等，皆为黄帝之臣。"占"为观测之义。"羲和占日，常
仪占月"，后人把"帝喾序三辰"之事误当作黄帝之事。所谓"臾区
占星气"，即指臾区观测黄赤道四宫星宿之运行规律。所谓"伶伦造
律吕"，即指伶伦造乐律。所谓"大挠造甲子，隶首作算数"，即指大
挠以干支纪时，隶首推算历法。容成"考定气象，建五行"之"气
象"，即物候及与其对应的星象。

综上所述，"五行"原为历法概念，应创建于黄帝时代。下面，
笔者拟从古代社会发展历程，特别是五帝早期前后的古天文历法的形
成和发展过程的角度，继续探讨五行的起源。

四、从古代社会发展探寻五行的起源

中国古代文化中最具特色的学说——五行学说的起源与中国古代社会的发展之间存在着密切的关系。值得注意的是，观象授时后期，中国古代社会出现了一个具有伟大意义的历史事件——从渔猎时代向农业文明时代转型。《系辞》曰：

> 包牺氏作结绳而为网罟，以佃以渔，盖取诸离。包牺氏没，神农氏作，斲木为耜，揉木为耒，耒耨之利，以教天下，盖取诸益。[①]

高恒先生《周易大传今注》曰：

> 《说文》："斲，斫也。"即砍削也。耜，《说文》作"相"，云："臿也。"《汉书·沟洫志》："举臿为云。"颜注："臿，锹也。"古之木锄形似锹，此文之耜即锄也。揉，揉之使曲也。《说文》："耒，手耕曲木也。""耒"即犁。[②]

这是中华民族从以伏羲为代表的渔猎时代向以神农氏为代表的农业文明时代转型的最早文献记录。中国远古农业的起源相当久远，就目前已发现的考古遗址来看，距今约 8000 年历史的黄河中游的磁山文化和裴李岗文化中发现了大量的粟类作物，还有石斧、石刀、石铲、

---

① 李学勤主编：《周易正义》，北京大学出版社，1999，第 298—299 页。
② 高亨：《周易大传今注》，齐鲁书社，1998，第 420—421 页。

石磨盘等农具和工具,乃至家畜等。[1] 距今约 7000 年的河姆渡遗址中不仅发现了稻谷、谷壳、稻秆等,还有大量的石斧、骨耜等。[2] 史学家认为,神农氏开创了新石器时代的原始农业。他的贡献有:发明耒耜(犁锄)等农具,教会人民种植农作物,使人民有了较为稳定的食物来源,由此逐渐实现了温饱和定居。[3]

神农氏虽然继承了伏羲时代的观象授时成就,大体上认识到四时的周期性变化与农业生长周期之间的关系,并形成了"分八节以始农功"的设想,但由于没有形成清晰的太阳年观念,故无法准确测定节气。黄帝战胜炎帝、蚩尤,统一中原大地之后,极为重视创建"星历"以满足农业生产的需要,于是有容成"综斯六术,考定气象,建五行",而作《调历》,以星象表示一年的八个农事时段。因此,《史记·历书》称:"黄帝考定星历,以立五行。"从神农氏时代到黄帝时代,属于观象授时末期,授时的主体是黄赤道恒星。这些恒星按四时出没,分别居于黄赤道四方。后来北斗也成为授时主体。关于北斗授时的最早观测者,《帝王世纪》的描述是:

神农氏之末,少典氏又取附宝,见大电光绕北斗枢星,照郊野,感附宝,孕二十五月,生黄帝于寿丘,长于姬水,因以为姓。以土承火,位在中央,故曰黄帝。居轩辕之丘,故因以为名。[4]

① 佟伟华:《磁山遗址的原始农业遗存及其相关的问题》,《考古》1984 年第 1 期。开封地区文管会:《河南新郑裴李岗新石器时代遗址》,《考古》1978 年第 2 期。

② 宋兆麟:《河姆渡遗址出土骨耜的研究》,《考古》1979 年第 2 期。

③ 何光岳:《神农氏与原始农业——古代以农作物为氏族、国家的名称考释之一》,《农业考古》1985 年第 2 期。杨范中:《炎帝神农氏与中国农耕文化》,《理论月刊》1991 年第 1 期。

④ [晋]皇甫谧撰,陆吉点校:《帝王世纪》,齐鲁书社,2010,第 5 页。

由《帝王世纪》的描述可知，黄帝之母附宝感北斗而孕，生出黄帝，故黄帝是北斗之子。这是后人由黄帝受命称帝演绎出来的神话，其背景应与黄帝观测北斗授时有关。北斗连同分布于四方的黄赤道恒星，构成了后世"五宫"的前身（以下简称"早期五宫"）。按《史记·天官书》所言，五宫是分布在天穹五大区域内的主体星座，"宫"在有的文献中又称"官"或"天官"，是指古代的星座。黄赤道星宿的东宫苍龙、南宫朱雀、西宫白虎、北宫玄武，合称"四宫"。"四宫"的前身是观象授时时代用于授时的主体星座。中宫作为第五宫，其授时主体为北斗。由于北斗围绕北天极的帝星旋转，帝星是天帝的象征，是上天意志的标志，故包括帝星和北斗在内的中宫就成为上天的主宰。

《史记》"黄帝考定星历，建立五行"中的"星历"，是指以早期五宫天象表示节气，从而指示农事活动的时间。观测黄赤道四宫的最早方法是观察昏见和晨见天象，昏见是夜幕初降之时出现在西方地平线上的星宿，晨见是指黎明之前出现在东方地平线上的星宿。因为地平线附近的星象容易受到地面气候或障碍物的影响，所以古人在建立了方向的概念之后，便开始观察昏中和旦中天象。昏中和旦中分别是黄昏之后和黎明之前高悬于南中天的恒星。四宫天象分别用来指示春、夏、秋、冬，典型的例子是《尧典》的四仲中星天象，分别指示春分、夏至、秋分和冬至。

观象授时早期，人们主要是观测黄赤道恒星的出没与四时变化的规律，但黄赤道恒星每年有大约一半的时间没入地平线之下，无法观测。北斗位于北天极附近的恒显圈，常年不隐，且随着地球绕行太阳的公转，北斗绕北天极做周年视运动，斗柄的指向随季节不同而呈现周期性的变化。因此，观测北斗斗柄的指向，就可以直观地识别一年四季的变化规律。如《淮南子·天文训》曰：

　　帝张四维，运之以斗，月徙一辰，复反其所。正月指寅，十二月指丑，一岁而匝，终而复始。[①]

　　"四维"即指东南西北四方。所谓"帝张四维"，是说天帝建立或规定了东南西北的四方架构。这里的"帝"就是帝喾，帝喾作为四方的创建者，在《山海经》中被称为"天帝"。所谓"运之以斗，月徙一辰，复反其所……一岁而匝，终而复始"，是说北斗按东南西北的顺时针方向绕行北天极，每月一辰（30度），每岁绕行一周，周而复始，称为"斗柄建辰"。北斗的运行，是地球公转在北天极坐标系中的反映。因此，观测四时最简单的方法是在初昏时刻观测斗柄的指向，斗柄东指为春、南指为夏、西指为秋、北指为冬。在方向创建之前，北斗的斗柄则按照右下左上的运行方向来指示四时。与以斗柄指向来识别四时和月份的方法相比，以观测四宫星宿来确定节气的方法要准确得多。因此，在观测北斗的同时，还需观测黄赤道星宿。这样一来，以斗柄指向纵览四时、以四宫分别执掌春、夏、秋、冬的格局就确定了，于是古人把它们统一归为"五宫"。又由于五宫授时反映的是阴阳二气的运行规律，所以五宫又称为"五气"。五气周流运行，故又有"五行"之名。因此，五行的主体是五宫。

　　关于北斗在五宫中的作用，《天官书》曰：

　　　　斗为帝车，运于中央，临制四乡。分阴阳，建四时，均五行，移节度，定诸纪，皆系于斗。[②]

---

① 张双棣：《淮南子集释》，北京大学出版社，1997，第 340 页。

② [汉] 司马迁撰，郭逸等标点：《史记》，上海古籍出版社，1997，第 1067 页。

"斗为帝车"明确指出，北斗是天帝的使者，其地位凌驾于其他四宫之上，是五宫的核心，与《说卦》"参天贰地"筮法中的"一"处在同样的地位。在天文观测中，中宫和黄赤道四宫虽然分属不同的天区，但可以借助于北斗构成一个整体。北斗与二十八宿之间的位置关系，在《天官书》中被描述为："北斗七星，所谓'璇、玑、玉衡，以齐七政'，杓携龙角，衡殷南斗，魁枕参首。"[①]（见图 5-1）由于北斗常年可见，故只要确定了它的位置，就可以确定二十八宿中角、斗、参等常见星宿的位置，进而推定二十八宿中没入地平线的其他星宿的位置。[②]建立了北斗与二十八星宿之间的位置关系之后，整个星宿体系就成为一个可以被识别的有机整体。

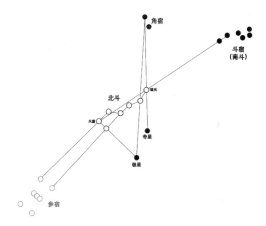

图 5-1　北斗与二十八宿

黄帝时代，由于没有建立冬至等四中气的概念，故通过观察物候现象来认识季节。如候鸟迁徙、蝉鸣、鹿交尾等，植物的开花和结实等，江河的封冻和融化等。古人在创建星历的过程中，认识到五宫星

---

① ［汉］司马迁撰，郭逸等标点：《史记》，上海古籍出版社，1997，第 1066 页。

② 冯时：《中国天文考古学》，社会科学文献出版社，2001，第 275—278 页。

宿的授时功能，由此形成了"五星"和"五行"的概念。此即所谓的"黄帝考定星历，建立五行"。

需要指出的是，《管子·四时》《史记·律书》在阐述五行时，都提及了"五官"概念。五帝早期五官的内容，在文献中也不乏记载。如《国语·楚语下》曰：

> 古者民神不杂，民之精爽不携贰者……于是乎有天地神民类物之官，是谓五官，各司其序，不相乱也。及少皞之衰也，九黎乱德，民神杂糅，不可方物。……颛顼受之，乃命南正重司天以属神，命火正黎司地以属民，使复旧常，无相侵渎，是谓绝地天通。
>
> 注：少皞，黄帝之子金天氏也。①

"天地神民类物之官，是谓五官"中的"五官"，又称"五正"，是黄帝按照五行思想设立的行政官僚体系。少皞时被废除，颛顼时恢复其正常的管理职能。由《国语·楚语下》的描述可知，黄帝时已经创建五行和设立五官。

《左传·昭公二十九年》引晋太史蔡墨之言曰：

> 五行之官，是谓五官，实列受姓氏，封为上公，祀为贵神。木正曰句芒，火正曰祝融，金正曰蓐收，水正曰玄冥，土正曰后土。少皞氏有四叔，曰重、曰该、曰修、曰熙……使重为句芒，该为蓐收，修及熙为玄冥。颛顼氏有子曰犁，

---

① 上海师范大学古籍整理组校点：《国语》，上海古籍出版社，1978，第560—562页。

为祝融；共工氏有子曰句龙，为后土。①

《帝王世纪》曰：

> 帝喾高辛氏，姬姓也。能顺三辰，以五行名官，故以句
> 芒为木正，祝融为火正，蓐收为金正，玄冥为水正，后土为
> 土正。是五行之官分职而治诸侯，于是化被天下。②

《礼记·月令》又曰：

> 孟春，其帝太皞，其神句芒。孟夏，其帝炎帝，其神祝
> 融。中央土，其帝黄帝，其神后土。孟秋，其帝少皞，其神
> 蓐收。孟冬，其帝颛顼，其神玄冥。
> 郑玄注：句芒，少皞氏之子，曰重，为木官。祝融，颛
> 顼氏之子，曰黎，为火官。后土，颛顼氏之子，曰黎，兼为
> 土官。蓐收，少皞氏之子，曰该，为金官。玄冥，少皞氏之
> 子，曰修，曰熙，为水官。③

从句芒等五人的家世来看，五人都属于少皞、颛顼的家族成员。
帝喾"以五行名官"，按"五行之官分职而治诸侯"，就是按照五行理
念治理国家。据《尧典》记载，帝喾之子帝尧观测四仲中星天象，这
就涉及四方（五方）、四季的概念。羲和作为观象授时的主持者而居

---

① 李学勤主编：《春秋左传正义》，北京大学出版社，1999，第 1506—1511 页。
② ［晋］皇甫谧撰，陆吉点校：《帝王世纪》，齐鲁书社，2010，第 11—12 页。
③ 李学勤主编：《礼记正义》，北京大学出版社，1999，第 445、490、515、519、
541 页。

于中央，羲仲、羲叔、和仲、和叔四人分掌四方和四时，构成了五方官员（五正）的早期形式。这一方面印证了《左传》《帝王世纪》等传世文献中关于"五行之官"的记载，另一方面表明五方、五正等"五行"的早期要素在帝喾时代已经完备，"黄帝建五行"说基本成立。黄帝建五行，少皞、颛顼建五正，帝喾建五方，由此构成了早期五宫—五方体系的基本架构。

黄赤道四方星宿最初仅限于四方主星等早期授时星座，后来逐渐演变为四宫二十八宿。四宫连同北斗七星，合称"五宫""五官""五星"等。唐司马贞《史记·天官书》题解曰：

> 天文有五官。官者，星官也。星座有尊卑，若人之官曹列位，故曰天官。《正义》张衡云：文曜丽乎天，其动者有七，日月五星是也。日者，阳精之宗；月者，阴精之宗；五星，五行之精。众星列布，体生于地，精成于天，列居错峙，各有所属，在野象物，在朝象官，在人象事。其以神著有五列焉，是有三十五名：一居中央，谓之北斗；四布于方各七，为二十八舍；日月运行，历示吉凶也。①

《史记·天官书》所谓的"天文有五官"，是指中宫北斗和黄赤道四宫共有五列，每列各七个星座，计三十五个星座。"日月五星"之"五星"，即"五官""五星官""五宫"，具体是指中宫北斗、东宫苍龙、南宫朱雀、西宫白虎、北宫玄武。"五宫"之所以被称为"五行之精"，是因为其作为五行的本源与核心要素，既是观象授时以来直

---

① [汉] 司马迁撰，郭逸等标点：《史记》，上海古籍出版社，1997，第1065页。

接指示四时的最早的一组五行要素,又是创建星历的主体。《淮南子·天文训》曰:

> 何谓五星?
>
> 东方木也,其帝太皞,其佐句芒,执规而治春,其神为岁星,其兽苍龙,其音角,其日甲乙。
>
> 南方火也,其帝炎帝,其佐朱明,执衡而治夏,其神为荧惑,其兽朱鸟,其音徵,其日丙丁。
>
> 中央土也,其帝黄帝,其佐后土,执绳而制四方,其神为镇星,其兽黄龙,其音宫,其日戊己。
>
> 西方金也,其帝少昊,其佐蓐收,执矩而治秋,其神为太白,其兽白虎,其音商,其日庚辛。
>
> 北方水也,其帝颛顼,其佐玄冥,执权而治冬,其神为辰星,其兽玄武,其音羽,其日壬癸。[①]
>
> 《笺释》《春秋文曜钩》云:"东宫苍帝,其精苍龙;南宫赤帝,其精朱鸟;西宫白帝,其精白虎;北宫黑帝,其精玄武。"则五帝布精四方,又为二十八宿矣。《淮南》言五星有五方、五帝、五佐、五神、五兽,其五帝、五佐乃人神之配天神者,则五方当谓五行。[②]

"五帝""五佐""五神""五兽"之名,都是建立在"五方"概念的基础之上的。这一方面表明"五行"作为天文概念,形成的时间很早,而其作为一个可以涵盖万物的体系,是在"五方"概念建立之后

---

① 张双棣:《淮南子校释》,北京大学出版社,1997,第263页。
② 张双棣:《淮南子校释》,北京大学出版社,1997,第271页。

才形成的；另一方面印证了《史记·历书》"盖黄帝考定星历，建立五行"说的可靠性。

综上所述，"五行"概念是在创建星历的过程中形成的，其形成时间大约在黄帝时代到帝喾时代。黄帝出于创建星历的需要，建立了"早期五宫"的概念；帝喾创建"四方"，并以观测者为中而建立"五方"后，以五方匹配中宫北斗和早期四宫前身的授时主体星座，从而形成早期五宫—五方体系。上述认识构成了五行的原初认识。其中，以北斗绕行北天极一周为一个太阳年，以斗柄建辰统揽四时；以四方星宿分别执掌春、夏、秋、冬。后来四方星宿发展演化为东宫苍龙、南宫朱雀、西宫白虎、北宫玄武四宫二十八宿，连同中宫北斗七星，合称"五宫"（又称"五星"）。早期五宫—五方体系形成和发展的过程中，逐渐形成了管理五方的官员"五正"，天上的"五方帝"及其辅佐"五佐"，以及金、木、水、火、土五大行星（《淮南子·天文训》中称为"五神"）等多组五行要素。由于这些五行要素都起源于天文观测和创建星历的时代，且与历法、占星术以及古人对天神、祖先的信仰和崇拜有关，故它们作为一个体系，可以统称为"天道五行"。

由此可以得出如下结论：

五行创建于黄帝时代。五行的主体是北斗和黄赤道四宫（东宫苍龙、南宫朱雀、西宫白虎、北宫玄武）的早期授时主体星座。这些恒星的特定天象被用于指示农业生产的时节，称为"星历"。随着五行的创建和发展，又建立了管理五行的官员。这些管理五行的官员则被称为"五官""五正"。

炎帝创始农业，黄帝创始五行和星历，使农业成为中华民族繁衍生息、发展壮大的坚实基础，炎黄由此被尊奉为中华民族的始祖。炎黄时期，中华民族完成了从渔猎社会向农耕文明的伟大跨越。

五、早期五行要素的命名

黄帝时期，我国先民虽然以北斗和黄赤道四宫星宿创建了五行，但由于"五方"概念形成于帝喾时代，故有必要专门考察早期的五行要素是如何命名的。

郭沫若先生、杨树达先生、胡厚宣先生、沈建华先生等均认为，五行源于对四方（五方）、四方风、五方神的崇拜。其理由是，"五方帝""五正""四方风"等早期五行概念都是以"五方"来命名的。按照这一认识，五行建立的时代就被推迟到帝喾时代或者之后，从而与"黄帝考定星历，建立五行"说互相矛盾。要解决这一矛盾，就需考证"四方"概念形成之前，作为五行主体和原始概念的早期五行要素是如何命名的。

伏羲以黄赤道四方星宿观象授时，到了黄帝时代，当时的人便尊奉伏羲和这些星宿为开天辟地的神灵。黄帝时代由于没有"四方"的概念，当时的人便"以云纪官"，即以五云之物命名五官。如《史记·历书》正义应劭云：

> 黄帝受命有云瑞，故以云纪官。春官为青云，夏官为缙云，秋官为白云，冬官为黑云，中官为黄云。按，黄帝置五官，各以物类名其职掌也。①

"缙"为丹朱之色。所谓"以物类名其职掌"，就是以云气之色作为五官分工的标志。因此，"五云之物"又称"五云之色"。"五云"

---

① ［汉］司马迁撰，郭逸等标点：《史记》，上海古籍出版社，1997，第1044页。

是指日旁的五种云气，其色分别为青、朱、白、黑、黄。《周礼》之《保章氏》《视祲》等篇中有详细描述。① 楚帛书《创世篇》对于"五云"的描述是：

> 古之包牺，乃取女娲，是生子四。长曰青干，二曰朱四单，三曰䰞黄难，四曰□墨干。千又百岁，日月夋生。九州不平，山陵备侐。四神乃作，至于覆，天旁动，扞蔽之青木、赤木、黄木、白木、墨木之精。

楚帛书《创世篇》中的"四子"，取青、朱、白、黑四色。"四神"补天所用的神木之色与五云之色完全相同，均是青、朱、白、黑、黄五色。由此推断，《创世篇》中的神话故事涉及黄帝创建五行之事。

又，《左传·昭公十七年》引郯子之言曰：

> 昔者黄帝氏以云纪，故为云师而云名。我高祖少皞挚之立也，凤鸟适至，故纪于鸟，为鸟师而鸟名。凤鸟氏，历正也；玄鸟氏，司分者也；伯赵氏，司至者也；青鸟氏，司启者也；丹鸟氏，司闭者也。
>
> 疏：黄帝以云纪事，明其初受天命，有云瑞也。凤皇知天时也，历正，主治历数，正天时之官，故名其官为凤鸟氏也。当时名官，直为鸟名而已。燕，玄鸟也，以春分来，秋分去，故以名官，使之主二分。伯赵，鵙也。以夏至来，冬至去，故以名官，使之主二至也。青鸟，鸧鹢，以立春鸣，

① 李学勤主编：《周礼注疏》，北京大学出版社，1999，第656—657、707—708页。

立夏止，故以名官，使之主立春、立夏。丹鸟，丹雉也，以立秋来，立冬去，故以名官，使之主立秋、立冬也。分、至、启、闭，立四官，使主之。凤皇氏为之长，故云四鸟皆历正之属官也。[①]

黄帝以云纪事时期，由于没有"四方"（"五方"）的概念，故以日旁五云之色——黄、青、赤、白、玄为五行要素命名。少皞时期，仍以玄、伯（白）、青、丹（朱）、皇（黄）五色来命名五方历正之官。这五色与五云之色、补天神木之色相同。少皞为黄帝之子、帝喾之祖父。少皞为帝在黄帝建五行之后、帝喾序三辰之前，由此推断，"五方"概念形成于"五行"概念之后、"三辰"概念之前。

六、五方的确定与多种五行要素的命名

如前已述，"方向"概念建立于帝喾时代。建立"方向"是天文观测的前提和基础，其关系到我国先民对时间和空间的认识以及对五行和历法的认识，故有必要进行专题论述。

在天文学领域，测量天文的仪器被称为"圭表"。帝尧时代，出现了最原始的"圭表"。圭表既可用于测量节气，又可用于测定方向。《左传》的《僖公五年》《昭公二十年》中均出现了用圭表观测日南至（冬至）的记载。关于用圭表测定方向，《周礼·考工记》曰：

匠人建国，水地以县，置槷以县，视以景。为规，识日出之景与日入之景。

---

① 李学勤主编：《春秋左传正义》，北京大学出版社，1999，第 1360—1363 页。

郑玄注：于所平之地中央，树八尺之臬，以县正之，视之以其景，将以正四方也。日出日入之景，其端则东西正也。自日出而画其景端，以至日入既，则为规。测影两端之内规之，规之交，乃审也。度两交之间，中屈之以指臬，则南北正。[①]

《考工记》中的"景"是指日影，"臬"就是圭表。所谓"正四方""东西正""南北正"，就是用圭表观测日影，确定东西南北四方。[②] 如图 5-2 所示，在 A 点立一固定的圭表，以 A 点为圆心、AB 为半径画圆，在圆周的 B 点和 C 点各立一块可以移动的圭表，使 AB 与初升的太阳呈一直线，AC 与落日呈一直线，则 B、C 两点的连线即为东西，日出为东，日落为西。线段 BC 的中点 M 与 A 点的连线即为南北，以夜晚北天极为北，白昼之日的最高点为南。四方再加上观测者所在之"中"，即为东南西北中五方。以五方为五行要素命名，就形成了东南西北中五宫之名。

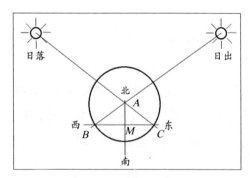

图 5-2 圭表正四方图

---

① 李学勤主编：《周礼注疏》，北京大学出版社，1999，第 1147—1149 页。
② 用圭表测定四方的具体方法，可参见陈美东：《中国科学技术史·天文学卷》，科学出版社，2016，第 115—117 页。

常正光先生在《阴阳五行学说与殷代方术》一文中，详细阐述了殷人在同一天内的"出入日"之祭。

> 我们根据卜辞中全部有关材料，归纳出一个共同特点，这就是殷人祭日是在同一天之内既祭"出日"又祭"入日"。武丁时期卜辞"戊戌卜，内，乎雀束戌，于出日，于入日"是这样，廪辛时期也是这样，武乙、文丁时期更是这样，而且还把"出日"与"入日"合并在一起，简称为"出入日"。这说明"出日"与"入日"在同一天内进行，是相辅相成、不能分割、不可缺其一的祭礼。"出日""入日"是测得东西方向线的依据，有了东西线才能引出南北线。测定出东西方向线，是古代观象制历的基础。①

殷人对"出入日"的祭祀，可以追溯到《大戴礼记·五帝德》所谓的帝喾"历日月而迎送之"。② 如前所述，帝喾在观测和研究日出日落规律的基础上，创建了"四方"（"五方"）概念。"四方"（"五方"）概念不仅奠定了天文观测的基础，为五行体系的命名提供了根据，还为帝尧"历象日月星辰"和观测四仲中星天象奠定了基础。殷人为纪念帝喾而举行的祭"出入日"，便沿用了这一测定方向的方法。

"五方"概念建立之后，首先被用来为黄赤道恒星命名。在观象授时时代，用来授时的星座仅限于黄赤道恒星的范围内。按《周礼·考工记》"辀人"曰：

---

① 常正光：《阴阳五行学说与殷代方术》，载［美］艾兰等主编：《中国古代思维模式与阴阳五行说探源》，江苏古籍出版社，1998，第248、254—255页。

② 黄怀信等：《大戴礼记汇校集注》，三秦出版社，2005，第746页。

龙旂九斿，以象大火也。注：大火，苍龙宿之心，其属有尾，尾九星。疏：东方木色苍，东方七宿画为龙，故曰苍龙。

鸟旟七斿，以象鹑火也。注：鹑火，朱鸟宿之柳，其属有星，星七星。疏：南方七宿，画为鹑，画为鸟，火色朱。

熊旗六斿，以象伐也。注：伐属白虎宿，与参连体而六星。疏：西方七宿，画为虎，金色白。孟夏日月会，则日宿参伐六星为上下，是连体也。

龟蛇四斿，以象营室也。注：营室，玄武宿，与东壁连体而四星。疏：玄武，龟也。有甲能御捍，故曰武，水色玄。[①]

龙旂、鸟旟、熊旗、龟蛇是按照四宫的授时主体形象绘制的四方之旗。建立东、南、西、北四方之后，东宫前身的房、心、尾三宿合体象龙，五云之色为青，为苍，故称东宫青龙或东宫苍龙。南宫前身的柳、星二宿合体象鸟，五云之色为朱，为丹，故称南宫朱雀。西宫前身的参、伐二宿合体象虎，五云之色为白，故称西宫白虎。北宫之室、壁二宿合体象龟蛇，有甲御敌曰武，五云之色为黑，为玄，故称北宫玄武。加上中宫北斗，即为五宫。后来的"五方帝""五正"等，直接以"五方"命名即可。

综上所述，"五方"概念产生于天文观测的需要，而天文观测的目的是通过认识春夏秋冬四时来创建历法。在古人的观念里，四时创生和抚育了万物，由此形成了对于上天的宗教信仰，进而形成"五行"

---

① 李学勤主编：《周礼注疏》，北京大学出版社，1999，第 1094—1096 页。

观念和阴阳五行思想。因此,"五行"可以归结为与四时运行有关的、可以决定四时运行规律的、在天文观测中建立的一组五位一体概念。其与四时和五方相匹,建构出最基本、最原始的时空架构体系,对中华民族的历史和文化产生了悠久而深刻的影响。

七、禹与地道五行

在天道五行的早期五宫—五方体系形成的时代,还没有涉及水火木金土的认识。有鉴于此,我们可根据《尚书》中《大禹谟》《甘誓》《洪范》等的记载,来考察大禹的历法贡献。《大禹谟》曰:

> 禹曰:"德惟善政,政在养民。水、火、金、木、土、谷惟修,正德、利用、厚生惟和,九功惟叙,九叙惟歌。"帝曰:"地平天成,六府三事允治,万世永赖,时乃功。"
>
> 孔传:水土治曰"平",五行叙曰"成"。
>
> 正义:禹平水土,故"水土治曰平"。五行之神,佐天治物,系之于天,故"五行叙曰成"。《洪范》云"鲧堙洪水,汩陈其五行,彝伦攸斁",禹治洪水,"彝伦攸叙",是禹命五行叙也。[1]

水、火、金、木、土、谷为六府,正德、利用、厚生为三事;作为养民之本的六府三事,合为九功。其中的"金",应理解为水土治理工程和工具。"地平"是治理水土,"天成"是五行有序。在禹和舜的对话中,虽然没有直接称"水、火、金、木、土"为五行,但已经

---

[1] 李学勤主编:《尚书正义》,北京大学出版社,1999,第88—90页。

将其包括在六府之内。在五行之神的佐助下，禹成就了"地平天成"之大功业。

《甘誓》曰："有扈氏威侮五行。"梁启超先生对此评论道："金、木、水、火、土之五行，何得云威侮，又何从而威侮者？"[1]梁启超先生没有把五行观念与原始宗教信仰联系起来，而是简单地理解为五种事物。须知，帝启时代的五行作为信仰，既是上天意志的体现，又是沿袭自祖先的治国大法。从这个意义上来说，"有扈氏威侮五行"的行为亵渎了天帝神灵和祖先，属于冒天下之大不韪的行为。再加上有扈氏是帝启的兄弟，是一方诸侯，可能威胁到帝启的王位。因此，帝启决定御驾亲征，剿灭亵渎天神和祖先的有扈氏。帝启对即将出征的将士们说："天用剿绝其命，今予惟恭行天之罚。用命，赏于祖。弗用命，戮于社，予则孥戮汝。"[2]这段文字讲述的是夏朝初年的一个重要历史事件。即夏朝初创之时，帝启为捍卫对天神和祖先的至高无上的宗教信仰，而发动的征讨有扈氏的宗教战争。《帝王世纪》所谓的"鄠有甘亭，在县南。夏启伐扈，大战于甘"；[3]《今本竹书纪年》所谓的"王帅师伐有扈，大战于甘"，[4]都是对这一历史事件的描述。

所谓"箕子言大法九章"，就是箕子向周武王陈述的大禹的九种治国方略（"九畴"）。"九畴"实际上是大禹对先祖和自己的治国理政经验的总结。夏人视大禹为受命于天的开国帝王，认为其死后宾天，为天帝之佐，故将"九畴"大法神化为天帝所赐。因此，后世称"天

① 梁启超：《阴阳五行之来历》，载顾颉刚主编：《古史辨》第五册，海南出版社，2005，第199—209页。
② 李学勤主编：《尚书正义》，北京大学出版社，1999，第172—175页。
③ ［晋］皇甫谧撰，陆吉点校：《帝王世纪》，齐鲁书社，2010，第23页。
④ 王国维：《今本竹书纪年疏证》，载方诗铭、王修龄：《古本竹书纪年辑证》，上海古籍出版社，1981，第202页。

乃锡禹洪范九畴"。

《尚书》作为上古时代历史文献的汇集，详细而完整地反映了我国上古时期的政治历史与社会情形，虽然在传承和整理过程中难免渗入整理者的私见以及发生局部改动，但应从总体层面来判断其真伪，而不应以个别词汇来否定其真实性及文献价值。由于儒家尊尧、舜、禹、汤、文、武为圣人，信仰阴阳五行学说，故其中涉及禹和五行的记载应在总体上符合历史事实。这就意味着，在帝舜时代和大禹治水时代，"五行"既是宗教信仰，又是治国大法。后世儒家出于对圣人和天帝的宗教信仰，遂把"五行"作为"洪范"九畴之一，神化为天帝所赐。

下面，从大禹治水、治国的角度入手，探讨大禹的伟大功绩以及地道五行观念的形成过程。按《夏本纪》曰：

> 禹乃遂与益、后稷奉帝命，命诸侯百姓兴人徒以傅土，行山表木，定高山大川。乃劳身焦思，居外十三年，过家门不敢入。薄衣食，致孝于鬼神。卑宫室，致费于沟淢。陆行乘车，水行乘船，泥行乘橇，山行乘檋。左准绳，右规矩，载四时，以开九州，通九道，陂九泽，度九山。[①]

《夏本纪》所谓的"陆行乘车，水行乘船，泥行乘橇，山行乘檋。左准绳，右规矩，载四时，以开九州，通九道，陂九泽，度九山"，详细描述了大禹治水的艰难历程。大禹在治水过程中，常与洪水、湖泽、高山、丘壑、森林为伴，便形成了"水、木、土"的理念；创制

---

① ［汉］司马迁撰，郭逸等标点：《史记》，上海古籍出版社，1997，第34—35页。

了治水、交通、勘测的用具，便形成了"金"的理念；用火取暖、照明、烹煮食物、驱赶野兽，便形成了"火"的理念。换言之，大禹继承并发展了益、后稷等人的群体智慧，在治水和治理国家的过程中，具备了驾驭水、火、木、金、土五材的知识和能力；然后根据五材的不同特征和用途，把大地上的万物归结为金、木、水、火、土五类，建立了地道五行。

大禹在极端严酷的自然环境中工作，既要辨别方向，按照雨季和汛期决定施工季节；又要认识四季的变化，掌握观象授时的知识和技能。所谓"左准绳，右规矩，载四时"，是指确定方向和辨认季节的天文观测。从黄帝建星历、帝喾序三辰到帝尧的四仲中星，再到夏朝的《夏小正》的历法演变过程表明，大禹既继承和发展了远古以来，乃至黄帝、帝喾、尧时代的五行观念和历法知识，又根据自身治水和治国的实践经验，建立了地道五行体系。自此以后，五行成为我国先民对天地万物的总体认识。

又，区别天道五行和地道五行是必要的。受天人感应和日月星辰衍生万物思想的影响，古人认为天有五行，大地上的万物（包括重大的社会变革）与五行相匹，也有相应的五大类。孔颖达疏《尚书正义》云："是为人用五行，即五材也。襄二十七年《左传》云'天生五材，民并用之'，言五者各有材干也。谓之'行'者，若在天则五气流行，在地世所行用也。"[1] 即是以"五气"为天道五行，以"五材"为地道五行也。

帛书《要》篇引孔子之言曰："《易》有地道焉，不可以水火金木

---

[1]　李学勤主编：《尚书正义》，北京大学出版社，1999，第302页。

土尽称也，故律之以柔刚。"①孔子把"五行"视为地道。余以为，以大衍之数为阴阳、历法、天道，以天地之数为五行、万物、地道，即可以五行引入万事万物。《易》之筮数七、九、八、六取自五行成数，转为《易》之四象——少阳、老阳、少阴、老阴。它们既可以对应春、夏、秋、冬四时，又可以对应东、南、西、北四方，组合成六十四卦三百八十四爻之后，就可以衍生出万事万物的变化。众所周知，卜筮是由卜官掌管的，多用来预卜军国大事。龟卜、蓍占的具体方法虽然不同，但二者是殊途同归的。由此推知，龟卜之兆象和揲蓍之筮数都源自五行。

五行作为中国古代一个重要的哲学学说，不仅是中国传统文化之精髓所在，还是"三兆""三易"的哲学依据。五行的源头绝非古史辨学派所谓的"邹衍五德终始"说。因此，要想准确理解大衍筮法、"三易""三兆"，必须重新认识和考证五行的起源。

八、对"金"的再认识

《洪范》将"五行"列为"九畴"之首。其对"五行"的解释是："水曰润下，火曰炎上，木曰曲直，金曰从革，土爰稼穑。"②水为江河湖海，木为花草树木，土为大地，火能发光发热。"金"若被理解为金属及其制品，③就会把"五行"概念的形成限制在青铜器时代之后。

《洪范》"金曰从革"之"从"，有从属、随从之义。"革"，按《说

① 廖明春：《帛书〈要〉释文》，载氏著：《帛书〈周易〉论集》，上海古籍出版社，2008，第389页。
② 李学勤主编：《尚书正义》，北京大学出版社，1999，第301页。
③ 刘起釪：《五行原始意义及其纷歧蜕变大要》，载［美］艾兰等主编：《中国古代思维模式与阴阳五行说探源》，江苏古籍出版社，1998，第148页。

文》曰："革，更也。"段玉裁注曰："治去其毛，是更改之义，故引申为凡更新之用。"① 此处为改革、变化之义。

先秦文献中关于"金"和"革"的论述有：

厉始革典，十四王矣。韦注：革，更也。典，法也。厉王无道，变更周法，至今灵王，十四王也。(《国语·周语下》)②

少阴者，西方。于时为秋。金从革，改更也。(《汉书·律历志上》)③

太白经天，天下革，民更王，是为乱纪，人民流亡。太白，兵象也。(《汉书·天文志》)④

从革者，言金可从顺，又可变革。(《尚书今古文注疏》)⑤

金，西方，万物既成，杀气之始也。故立秋而鹰隼击，秋分而微霜降。其于王事，出军行师，所以征畔逆止暴乱也。(《今文尚书考证》)⑥

在古代社会，战争是王朝更替的常用方式。在占星学中，太白属金，而金主兵革，太白经天寓意着天下将有刀兵之劫、改朝换代之事等。因此，"金曰从革"之"革"既表示自然界和社会的变革、变化，也可指王朝的更替。又，《易》曰：

---

① [汉] 许慎撰，[清] 段玉裁注：《说文解字注》，上海古籍出版社，1981，第107页。

② 上海师范大学古籍整理组校点：《国语》，上海古籍出版社，1978，第110—111页。

③ [汉] 班固撰，[唐] 颜师古注：《汉书》，中华书局，2005，第842页。

④ [汉] 班固撰，[唐] 颜师古注：《汉书》，中华书局，2005，第1057—1058页。

⑤ [清] 孙星衍：《尚书今古文注疏》，中华书局，1986，第297页。

⑥ [清] 皮锡瑞：《今文尚书考证》，中华书局，1989，第247—248页。

天地革而四时成，汤武革命，顺乎天而应乎人。革之时
大矣哉。(《革·彖》)

井道不可不革，故受之以革。革物者莫若鼎，故受之以
鼎。(《序卦》)①

《革·彖》一方面以天地之"革"，诠释"革"的自然界变化之义；
另一方面以成汤伐桀和武王伐纣，诠释"革"的王朝变革之义。

"革"字在《尚书》中出现多次，除《禹贡》中的两处为"犀皮"
之义外，其余均为变革之义。例如：

日永星火，以正仲夏。厥民因，鸟兽希革。传曰："革，
改也。"(《尧典》)②

惟尹躬暨汤，咸有一德，克享天心，受天明命，以有九
有之师，爰革夏正。传曰："爰，于也。于得九友之众，遂伐
夏胜之，改其正。"(《咸有一德》)③

成汤革夏。殷革夏命。(《多士》)④

政由俗革。传曰："政教有用俗改更之理。"(《毕命》)⑤

《咸有一德》是伊尹将太甲从桐宫迎接回亳都之后，在回自己封
地之前对太甲的谆谆告诫。所谓"爰革夏正"，就是指改《夏正》为

---

① 李学勤主编：《周易正义》，北京大学出版社，1999，第202—203、338页。
② 李学勤主编：《尚书正义》，北京大学出版社，1999，第29页。
③ 李学勤主编：《尚书正义》，北京大学出版社，1999，第216页。
④ 李学勤主编：《尚书正义》，北京大学出版社，1999，第423、426页。
⑤ 李学勤主编：《尚书正义》，北京大学出版社，1999，第522页。

《殷正》。《多士》是成王将殷商遗民（又称"顽民"）迁到洛邑后，周公代替成王向他们发布的诰辞，劝说他们顺应天命，在洛邑安居乐业。《毕命》的创作背景，是殷商遗民迁入洛邑三十六年之后，经过周公和君陈两代人的治理，多数殷商遗民已经服从周王朝的统治，毕公由此调整了治理洛邑的政教措施。

综上所述，五行之"金"应释为变革或加工的行为手段。所谓"变革"，具体包括社会变革（如朝代更替、帝王更替、政教改革等）、寒暑变化、事物状态的改变等（如冶炼金属、兴修水利等）。《尚书大传》曰："金木者，百姓之所兴作也。"① 其中的"兴作"，可指农业耕作，兴修水利，建造城池、房屋等；而"金木"是指"兴作"所用的工具和材料。因此，"金"在这里为工具之义。又，《系辞下》曰："神农氏作，斫木为耜，揉木为耒，耒耨之利，以教天下。"② 其中的"斫"，是砍、削之义；"耒""耨""耜"皆为上古时代的农具。从目前已出土的文物来看，上古时期的器具（生产工具、祭器、兵器等），最初都是由石头、硬木、兽骨等硬质材料制作而成的，后来才逐渐以金属作为主要材料。

由此可见，"革"既可指社会或自然界的变革，也可以泛指兵器、祭器、生产工具等金属制品。这就从一个侧面表明，"五材"概念并非产生于金属出现之后。这一认识将对探讨五行的起源和演化产生一定的影响。

① 李学勤主编：《尚书正义》，北京大学出版社，1999，第302页。
② 李学勤主编：《周易正义》，北京大学出版社，1999，第298页。

九、本章重要结论

I. "五行"概念是黄帝在创建星历的过程中提出的。黄帝认识到，可以通过黄赤道四方星宿的出没来较为准确地判断春、夏、秋、冬四季，安排农事。北斗和黄赤道四方星宿统称五行。黄帝时期，由于没有"四方"（"五方"）的概念，故以日旁五云之色——黄、青、赤、白、玄为五行要素命名。帝喾创建"四方"（"五方"）之后，四方星宿逐渐演化为东宫苍龙、南宫朱雀、西宫白虎、北宫玄武四宫二十八宿，连同中宫北斗七星，统称"五宫"，从而创建了早期五宫—五方体系。随着早期五宫—五方体系的形成和发展，又相继产生了管理五方的官员——五正、天上的五方帝和他们的辅佐——五佐。此外，还有镇星等五大行星（《淮南子·天文训》称"五神"）等多组五行要素。这些五行要素都起源于天文观测和创建星历的时代，与历法、占星术以及古人对天神、祖先的信仰和崇拜有关，故它们构成的体系，就被统称为"天道五行"。

II. 炎帝创始农业，黄帝创始五行和星历，使农业成为中华民族繁衍生息、发展壮大的坚实基础，炎黄由此被尊奉为中华民族的始祖。炎黄时期，中华民族完成了从渔猎社会向农耕社会的伟大跨越。

III. 在天文观测中，以观测者所处之位为"中"，再加上四方，建立"五方"概念后，再以五方匹配中宫北斗和早期四宫前身的授时主体星座，构成了早期五宫—五方体系。因此，早期五宫—五方体系是以"中"为主宰和基准的"一＋四"架构模式。换句话说，作为五行的源头和基础的早期五宫—五方体系，奠定了以中为主的"一＋四"的五行体系架构模式。

Ⅳ. 水、火、木、金、土五材，又称"地道五行"。大禹在治水过程中，常与洪水、湖泽、高山、丘壑、森林为伴，便形成了"水、木、土"的理念；创制了治水、交通、勘测的用具，便形成了"金"的理念；用火取暖、照明、烹煮食物、驱赶野兽，便形成了"火"的理念。换言之，大禹继承并发展了益、后稷等人的群体智慧，在治水和治理国家的过程中，具备了驾驭水、火、木、金、土五材的知识和能力；然后根据五材的不同特征和用途，把大地上的万物归结为金、木、水、火、土五类，建立了地道五行。

Ⅴ. 五行之"金"既可理解为"变革或加工的行为手段"，也可理解为社会变革或战争。

第七章

大衍之数非「五十有五」

对大衍之数的阐释主要分为"大衍之数五十""大衍之数五十有五"两大类。最早见诸传世文献的"大衍之数五十"诠释方案，是西汉京房的"五十者，谓十日、十二辰、二十八宿"。东汉郑玄、宋朱震、清惠栋等都认可这一方案。《周易乾凿度》也持同样认识，只是其成书时代仍有争议。此外，刘歆、马融、虞翻、崔憬、邵雍、朱熹等虽认同"大衍之数五十"，但提出的解释方案各异。关于"大衍之数五十有五"的诠释，最早见于《系辞》郑玄注，三国曹魏姚信、董遇等均以天地之数来诠释大衍之数。在具体解释中又分为两类，一是以五十五去五，再去一；二是以五十五直接去六。两种解释方案的内涵虽然有所不同，但最终都归结为四十九枚蓍草的分、挂、揲、扐，与大衍之数五十的筮法相同。

本章通过研讨"大衍之数五十有五"的数种诠释方案，证明大衍之数应为五十。

一、"'大衍之数五十'有阙文"说

自东汉郑玄以来，以天地之数诠释大衍之数者不在少数，甚至有人断言"大衍之数就是天地之数"。近现代易学家中，持这一观点者以金景芳先生为代表。金景芳先生最早提出"通行本《系辞传》'大衍之数五十'一句有阙文"的论断,其后,陈恩林先生等以《旧唐书》《通典》中关于明堂体制的记载作为这一论断的依据,郭鸿林先生在《评宋人陆秉对〈周易〉"大衍之数"的解说》一文中,对"阙文"之说进一步加以论证。鉴于陈恩林先生、郭鸿林先生的观点均源出于金景芳先生的"阙文"之说,故有必要对"阙文"之说详加探讨。

金景芳先生在《周易系辞传新编详解》一书中对《系辞上》第八章进行了改写:

> 天一,地二,天三,地四,天五,地六,天七,地八,天九,地十。天数五,地数五,五位相得而各有合。天数二十有五,地数三十,凡天地之数五十有五。此所以成变化而行鬼神也。
>
> 大衍之数五十有五,其用四十有九。分而为二以象两。挂一以象三。揲之以四以象四时。归奇于扐以象闰。五岁再闰,故再扐而后挂。是故四营而成易,十有八变而成卦,八卦而小成。引而伸之。触类而长之,天下之能事毕矣。显道神德行。是故可与酬酢,可与佑神矣。
>
> 《乾》之策二百一十有六,《坤》之策百四十有四,凡三百有六十,当期之日。二篇之策,万有一千五百二十,当万物之数也。①

关于改写的原因,金景芳先生作了如下说明:

---

① 金景芳:《周易系辞传新编详解》,辽海出版社,1998,第52页。

我认为，通行本《系辞传》"大衍之数五十"一句有阙文，原文应是"大衍之数五十有五"，后来在传抄过程中脱失了"有五"二字。事实非常明显，上文自"天一，地二，天三，地四，天五，地六，天七，地八，天九，地十"至"凡天地之数五十有五，此所以成变化而行鬼神也"一大段文字，正是为这个"大衍之数"所做的说明。即于数来说，这个"五十有五"是天地之数；于著来说，这个"五十有五"是"大衍之数"。否则，此"五十"为无据，而前面一大段文字为剩语，此必无之事。正因为"大衍之数"即是能够"成变化而行鬼神也"的"天地之数"，也就是五个天数与五个地数的总和，所以，它应该是"五十有五"，而不是"五十"。[1]

金景芳先生之所以认为"大衍之数五十"无据，是因为没有找到对大衍之数四十九字完整的、合乎逻辑的诠释。笔者以古天文历法为依据，认为大衍之数作为一个语法段落的内涵即为西周历法原则，而"大衍之数五十"乃京房所言"十日、十二辰、二十八宿"，是天道运行的五十要素。周文王在创建《周易》的过程中，按照历法原则创建了大衍筮法，故《周易》占卜的过程就是以揲著拟比日月星辰运行，通过推演天道来实现与上天和先祖之灵的沟通。"天地之数"之所以并非剩语，是因为天地之数六十四字体现了五行规律。换言之，唯有用五行之成数七、八、九、六作为《周易》筮数来整合四营，才能成六爻，成六十四卦，才有乾、坤之策和万物之数。由此可见，大衍筮

---

[1] 金景芳:《周易系辞传新编详解》，辽海出版社，1998，第57—58页。

法以大衍之数四十九字引入阴阳观念，体现了天地四时的衍生变化；以天地之数六十四字引入五行观念，体现了万物的五行特征及其衍生变化。因此，《周易》可以囊括阴阳五行和天地万物之变化，成为与上天沟通的手段。

《礼记·曲礼上》曰："龟为卜，策为筮。"这是古代两种不同的占算方法，龟占称卜，易占称筮。关于龟卜，《周礼·占人》疏曰：

> 体，兆象也，谓金木水火土五种之兆。凡卜欲作龟之时，灼龟之四足，依四时而灼之。其兆直上向背者为木兆，直下向足者为水兆，邪向背者为火兆，邪向下者为金兆，横者为土兆，是兆象也。[1]

由《曲礼上》的描述可知，龟卜的方法是：春、夏、秋、冬分别灼烧龟之四足（春灼后左，夏灼前左，秋灼前右，冬灼后右），依据灼烤出现的裂痕和走向分为五种，称为兆象，分别以五行命名。可见，龟卜既涉及四时，也涉及五行。

又，《说卦》曰：

> 昔者圣人之作《易》也，幽赞于神明而生蓍，参天两地而倚数，观变于阴阳而立卦，发挥于刚柔而生爻。[2]

这是《周易》创建之前的筮数易卦（又称"数字卦"）的筮法。所谓"参天两地而倚数"，是按五行建立筮数。所谓"观变于阴阳而

---

[1] 李学勤主编：《周礼注疏》，北京大学出版社，1999，第649页。
[2] 李学勤主编：《周易正义》，北京大学出版社，1999，第323—325页。

立卦"，是以阴阳建立筮法。由此可知，筮数易卦建立在阴阳五行的基础之上。本书第一章指出，《周易》大衍筮法以大衍之数（取自三辰和历法）定筮法，以天地之数（取自五行生成之数）定筮数。本书第五章指出，栻占以五行作天盘，以三辰作地盘。因为"四时""三辰""历法"都应归入"阴阳"理念，故龟卜、筮数易卦、《周易》和栻占都是依据当时的阴阳五行思想创建的。

关于阴阳和五行的差异，本书第六章指出，阴阳侧重于历法和四时，是时空概念。五行侧重于万事万物的类别和变化，是待测事件的概念。这就导致在大衍筮法中分别引入了"大衍之数"和"天地之数"这两个不同而又可以互通的概念。不能像金景芳先生那样，把两者混淆起来。如果用天地之数六十四字去解释大衍之数，就会导致大衍之数四十九字成为剩语。由于金景芳先生对于大衍之数一段的中心思想、历法意义及其内在逻辑存在误读，不明白大衍之数和天地之数在创建大衍筮法的过程中既能互通，又具有不同的内涵和作用，才导致用天地之数去解释大衍之数的错误。

二、陈恩林先生的"乾封诏书"说

陈恩林先生在《关于〈周易〉大衍之数的问题》一文中，对金景芳先生的"阙文"之说予以了肯定和支持。陈恩林先生提出：

> 《旧唐书·礼仪志》讲明堂之制曰："堂心八柱……又按
> 《周易》大衍之数五十有五，故长五十五尺。""堂檐……去
> 地五十五尺，所以拟大易之嘉数，通惟神之至赜，道合万象，
> 理贯三才。"《通典》卷四十四谈到唐代明堂之制也说："堂心

八柱，长五十五尺。"杜佑按："大衍之数五十有五，以为柱之长也。"《通典》又说："四檐，去地五十五尺。"杜佑："大衍之数五十五。"

　　杜佑是唐代人。《旧唐书·礼仪志》的这段话是唐高宗在乾封二年后所下的诏书，拟诏人断不敢误写。而《旧唐书》为五代后晋赵莹、刘昫、张昭远等人所撰。这就证明在唐至五代时，人们如果不是见到了未脱文的《易·系辞传》版本，那就是径直把"天地之数"称为"大衍之数"。两者必居其一。唐孔颖达《礼记·月令篇》疏引郑玄《易·系辞传》注也直言"大衍之数五十有五"。①

明堂是祭祀天神、配祀祖先的场所，创始于黄帝，夏称"世室"，商称"重屋"，周称"明堂"。魏晋南北朝以来，国家长期陷入分裂动荡局面，五经治学，南北各有所本。学术方面，南学主义理，重创新；北学主典实，重训诂。就治经而言，南朝之《易》尊王弼注，《尚书》用孔传，《左传》用杜预集解；北朝之《易》《尚书》用郑玄注，《左传》则用服虔。《毛诗》《礼》南北同尊郑注。至于文人学者，则孰主孰从，各尊其便。学界如此纷乱混杂，以至典章礼仪的制定、开科取士的标准等一系列关系国本的重大事项都难以统一认识。在礼仪制度方面，唐朝曾经出现长期的争议。陈恩林先生提到的乾封诏书，涉及对周礼的不同认识，即为一典型事例。乾封诏书的内容出自《旧唐书》和《通典》，但引用得显然不够全面。因此，唯有与《新唐书》《通典》等相关文献进行对比，才能对乾封诏书的内容及其涉及的唐朝礼仪制

---

① 陈恩林等：《关于〈周易〉"大衍之数"的问题》，《中国哲学史》1998 年第 3 期。

度形成全面深入的认识。

唐高宗对明堂制度极为重视，君臣之间围绕明堂制度发生了争议。据《唐会要·禘明堂议》记载：

> 仪凤二年七月，太常少卿韦万石奏曰："明堂大享，准古礼郑玄义，祀五天帝。王肃义，祀五行帝。《贞观礼》，依郑玄义祀五天帝。显庆以来，新修礼，祀昊天上帝。奉乾封二年敕，祀五帝，又奏制兼祀昊天上帝。伏奉上元三年三月敕，五礼行用已久，并依贞观年礼为定。又奉去年敕，并依周礼行事。今用乐须定所祀之神，未审依定何礼。臣以去年十二月录奏，至今年未奉进止，所谓乐章不定，上及宰臣，并不能断。"乃诏尚书省及学者，更参议之，事仍不定。自此明堂大禘，兼用《贞观》《显庆》二礼。礼司益无凭准。[①]

由《禘明堂议》的描述可知，唐初，明堂制度最初按太宗时代的《贞观礼》，据郑玄义，祀五天帝；高宗时修订为《显庆礼》，祀昊天上帝；乾封二年，修改为祀五帝，兼祀昊天上帝；上元三年，"依贞观年礼为定"；到仪凤元年，又"依周礼行事"。此外，关于明堂的规制也存在严重争议，唐高宗永徽年间，太常博士柳宣主张按郑玄义，明堂之制当为五室。内直丞孔志约据《大戴礼》及卢植、蔡邕等义，以为九室。高宗主张应按郑玄义为五室，即东曰青阳，南曰明堂，西曰总章，北曰玄堂，中曰太室，并据此拟定和颁布了乾封诏书。关于实际施行情况，《旧唐书·礼仪二》的记载是：

---

① 参见 [宋] 王溥：《唐会要》，中华书局，1960。

诏下之后，犹群议未决。终高宗之世，未能创立。[①]

《通典·礼四》中出现了相同的记载。其文曰：

乾封初，仍祭五方上帝，依郑玄义，复议立明堂。

总章三年三月，具明堂规制。下诏：其明堂院，每面三百六十步，当中置堂。……堂心八柱，长五十五尺。……四檐，去地五十五尺。上以清阳玉叶覆之。诏下之后，犹详议未决。后竟不立。[②]

陈恩林先生在引用《旧唐书·礼仪二》时，省略了"诏下之后……未能创立"等语；在引用《通典》时，省略了"乾封初，仍祭五方上帝，依郑玄义，复议立明堂"和"诏下之后，犹详议未决。后竟不立"等语。恰恰是这些被"省略"的部分，表明乾封诏书并没有付诸实施。

《新唐书》中也有相似的记载。关于唐礼的制定过程，《新唐书·礼乐一》曰：

唐初，即用隋礼，至太宗时，中书令房玄龄、秘书监魏徵，与礼官、学位等因隋之礼，增以天子上陵、朝庙、养老、大射、讲武、读时令、纳皇后、皇太子入学、太常行陵、合朔、陈兵太社等，为《吉礼》六十一篇，《宾礼》四篇，《军礼》二十篇，《嘉礼》四十二篇，《凶礼》十一篇，是为《贞

---

① [后晋] 刘昫等：《旧唐书》，中华书局，1975，第589页。
② [唐] 杜佑：《通典》，中华书局，1988，第1223—1226页。

观礼》。

高宗又诏太尉长孙无忌、中书令杜正伦李义府、中书侍郎李友益、黄门侍郎刘祥道许圉师、太子宾客许敬宗、太常卿韦琨等增之为一百三十卷，是为《显庆礼》。其文杂以式令，而义府、敬宗方得幸，多希旨傅会。事既施行，议者皆以为非，上元三年，诏复用《贞观礼》。由是终高宗世，《贞观》《显庆》二礼兼行。武氏、中宗继以乱败无可言者，博士掌礼，备官而已。

玄宗开元十年，以国子司业韦縚为礼仪使，以掌五礼。十四年，学位张说以《贞观》《显庆》礼仪注前后不同，宜加折衷，以为唐礼。萧嵩为学位，奏起居舍人王仲丘撰定，为一百五十卷，是为《大唐开元礼》。由是，唐之五礼之文始备，而后世用之，虽时小有损益，不能过也。[①]

《新唐书·礼乐三》亦曰：

自周衰，礼乐坏于战国，而废绝于秦。汉兴，六经在者，皆错乱、散亡、杂伪，而诸儒方共补缀，以意解诂，未得其真，而谶纬之书出以乱经矣。自郑玄之徒，号称大儒，皆主其说，学者由此牵惑没溺，而时君不能断决，以为有其举之，莫可废也。由是郊、丘、明堂之论，至于纷然而莫知所止。[②]

高宗时改元总章，分万年置明堂县，示欲必立之。而议者益纷然，或以为五室，或以为九室，而高宗依两议，以帝

---

① [宋] 欧阳修：《新唐书》，中华书局，1975，第308—309页。
② [宋] 欧阳修：《新唐书》，中华书局，1975，第333页。

幕为之，与公卿临观，而议益不一。乃下诏率意班其制度，
至取象黄琮，上设鸱尾，其言益不经，而明堂亦不能立。①

《礼乐一》概要叙述了自唐朝初年到玄宗开元年间的唐五礼（吉
礼、宾礼、军礼、嘉礼和凶礼）形成的过程，之所以没有提到唐高宗
的乾封诏书，是因为这封诏书并没有付诸实施。《礼乐三》第一段是
说郑玄由于偏信谶纬之书，造成了唐礼制定过程中的混乱。第二段是
说高宗拟按乾封诏书的明堂规制建造明堂，但没有成功。值得注意的
是，乾封诏书的核心就是按郑玄义建立明堂规制，这是导致唐初礼乐
混乱的重要原因之一。玄宗时代的《开元礼》实际上是以周礼来否定
郑玄义。关于《新唐书》中没有提及乾封诏书的原因，笔者认为，是
乾封诏书作为一封当时未能施行，后来又被否定的诏书，不具备权威
性。"皮之不存，毛将焉附"，其中的"大衍之数五十有五"自然丧失
了理据。

要想厘清乾封诏书中"大衍之数五十有五"的出处，以及是否存
在"不脱文的《系辞》版本"，需要从唐太宗时期的正定五经和编写
《五经正义》谈起。

唐太宗对五经及其章句极为关注，案《旧唐书·儒学上》记载：
"太宗以经籍去圣久远，文字多讹谬，诏前中书侍郎颜师古考定五经，
颁于天下，命学者习焉。又以儒学多门，章句繁杂，诏国子祭酒孔颖
达与诸儒撰定五经义疏，凡一百七十卷，名曰《五经正义》，令天下
传习。"②《颜师古传》曰："太宗以经籍去圣久远，文字讹谬，令师古

---

① [宋] 欧阳修：《新唐书》，中华书局，1975，第 338 页。
② [后晋] 刘昫等：《旧唐书·列传第一百三十九·儒学上》，中华书局，1975，第
3435 页。

于秘书省考定五经，师古多所厘正，既成，奏之。太宗复遣诸儒重加详议，于时诸儒传习已久，皆共非之。师古辄引晋、宋已来古今本，随言晓答，援据详明，皆出其意表，诸儒莫不叹服。于是颁其所定之书于天下，令学者习焉。"①《新唐书·儒学上》曰："颖达与颜师古、司马才章、王恭、王琰受诏撰《五经》义训凡百余篇，号《义赞》，诏改为《正义》云。永徽二年（651），诏中书门下与国子三馆博士、弘文馆学士考正之，于是尚书左仆射于志宁、右仆射张行成、侍中高季辅就加增损，书始布下。"②

《旧唐书·礼仪》记载的乾封诏书中，两次引用"大衍之数五十有五"，三次引用《易纬》，多次引用《周易》筮法中的数字，把明堂制度归结为"数该大衍之规，形符立极之制"，"拟大易之嘉数，通惟神之至赜，道合万象，理贯三才"。陈恩林先生据此提出，"大衍之数五十有五"的说法既然出现于唐高宗乾封二年的诏书之中，拟诏人断不敢误写，故当时可能存在"大衍之数五十有五"的不脱文的《系辞》版本。

笔者以为，《五经正义》作为朝廷颁布的官书，"令天下传习"，诏书中引用的内容只要在《五经正义》之内，或经，或传，或疏，即为言之有据。乾封诏书中"按《周易》"者共有十六处，其中涉及"乾之策""坤之策"者三处，"天数""地数"者三处，"八卦纯体""天地人三才""当期之日""太极生两仪"者各一处，出自《系辞》者十二处。另外还有"大衍之数五十有五"者两处，"阳数""阴数"者四处，均出自《礼记正义·月令·孟春》之孔疏。现将《月令》郑玄注

---

① ［后晋］刘昫等：《旧唐书·列传第二十三·颜师古传》，中华书局，1975，第1768页。

② ［宋］欧阳修：《新唐书·列传一百二十三·儒学上》，中华书局，1975，第5644页。

以及《礼记正义》孔疏中关于大衍之数的论述，摘录于下：

　　其数八。[①]

　　郑注：数者，五行佐天地生物成物之次也。《易》曰："天一地二，天三地四，天五地六，天七地八，天九地十。"而五行自水始，火次之，木次之，金次之，土为后。木生数三，成数八，但言八者，举其成数。[②]

　　正义："五行佐天地，生成万物之次"者，五行谓金木水火土。……天阳地阴，阳数奇，阴数耦。阳所以奇者，阳为气，气则浑沌为一，无分别之象；又为日，日体常明，无亏盈之异，故其数奇。其阴数所以耦者，阴为形，形则有彼此之殊；又为月，则有晦朔之别，故其数耦。按《律历志》云"天数二十五"，所以二十五者，天一、天三、天五、天七、天九，总为二十五。《律历志》又云"地数三十"者，地二、地四、地六、地八、地十，故三十也。以天地之数相合，则《易》之大衍之数五十五也。[③]

　　郑注：《易·系辞》云："天一生水于北，地二生火于南，天三生木于东，地四生金于西，天五生土于中。阳无耦，阴无配，未得相成。地六成水于北，与天一并；天七成火于南，与地二并；地八成木于东，与天三并；天九成金于西，与地四并；地十成土于中，与天五并也。大衍之数五十有五，五行各气并，气并而减五，惟有五十，以五十之数，

　① 李学勤主编：《礼记正义》，北京大学出版社，1999，第448页。
　② 李学勤主编：《礼记正义》，北京大学出版社，1999，第448页。
　③ 李学勤主编：《礼记正义》，北京大学出版社，1999，第451页。

不可以为七八九六卜筮之占以用之，故更减其一，故四十有九也。"是郑注之意。[1]

孔颖达在引用郑玄的《周易》注诠释郑玄的《月令》注时，两处涉及"大衍之数五十有五"，一处是直接引述郑注，另一处是对郑注的说明。由于《周易》《月令》依据的都是阴阳五行哲学思想，乾封诏书中提及的"阳数""阴数""大衍之数五十有五"，均引自《礼记正义》，并不存在《系辞》的其他版本。马金亮先生也认为，"大衍之数五十有五"之说保留在《五经正义》之中，[2]没有提及"不脱文的《系辞》版本"。

陈恩林先生提出，"大衍之数五十有五"之说出现于"乾封二年所下的诏书中，拟诏人断不敢误写"，由此推断拟诏人应见到过"不脱文的《系辞》版本"。如果陈先生的设想成立，"不脱文的《系辞》版本"应出现在乾封二年之前。《五经正义》由孔颖达等于唐太宗贞观年间开始撰写，唐高宗永徽二年正式颁行。如果此前发现了"不脱文的《系辞》版本"，那么，孔颖达不会采用王弼本作《周易正义》。因此，陈恩林先生所谓的"不脱文的《系辞》版本"如果存在的话，其发现时间应在唐高宗永徽二年到乾封二年之间（651—667年间）。当时编撰《五经正义》的核心人物，如颜师古和孔颖达等均已经作古，但于志宁等重要编撰者仍在继续《五经正义》的编撰工作。如果出现《周易》的新传本，那么，其一定是司马迁、刘歆、马融、郑玄等大儒未曾见过的珍本文献，朝廷必定会十分重视，并将其载入《五经正义》之中。即使是这一"珍本"再度失传，由于其稀世价值，有关的

[1]　李学勤主编：《礼记正义》，北京大学出版社，1999，第452页。
[2]　马金亮等：《大衍之数"五十有五"说补证》，《周易研究》2015年第2期。

抄本、章句等必定会出现在新、旧《唐书》以及与《周易》、周礼相关的传世文献之中。由于至今尚未发现此类记载，故可断定，乾封诏书中的"大衍之数五十有五"应出自《五经正义》，而非记载有"大衍之数五十有五"的"不脱文的《系辞》版本"。

陈恩林先生认为，孔颖达为《礼记·月令》作疏时直言引用了郑玄注《易》的"大衍之数五十有五"，便将孔颖达视为"大衍之数五十有五"说的支持者，这是对孔颖达的误解。疏是对传和注的解释，汉唐经学家遵循的解经原则是"注不违经，疏不破注"。在《周易正义》中，孔颖达为王弼、韩康伯作疏，诠释"大衍之数五十"；在《礼记正义·月令》中为郑玄注作疏，用郑玄"大衍之数五十有五"来诠释五行生成之数。这一解经原则在《钦定四库全书总目·礼记正义》和孔颖达的《礼记正义序》中已经说得很清楚了。

综上所述，陈恩林先生根据《旧唐书·礼仪志》所载"乾封诏书"之明堂规制"堂心八柱，又按《周易》大衍之数五十有五，故长五十五尺"提出，应存在"大衍之数五十有五"的不脱文的《系辞》版本。根据《新唐书》《通典》等传世文献的记载，因乾封诏书据郑玄义建立的明堂制度多出自纬书，故"诏下之后，犹详议未决。后竟不立"。玄宗时重新制定《开元礼》，否定了乾封诏书中的明堂制度。因此，《新唐书》中没有出现乾封诏书的记载，也没有"大衍之数五十有五"的说法。另，乾封诏书中的"大衍之数五十有五"，出自《礼记·月令》中的郑玄注和孔颖达疏，并非出自所谓的"不脱文的《系辞传》版本"。因此，陈恩林先生以乾封诏书为依据来论证"大衍之数五十有五"，是无法成立的。

三、宋人陆秉的"六虚之位"说

郭鸿林先生在《评宋人陆秉对〈周易〉大衍之数的解说》一文中，引用宋人陆秉的说法，证明"大衍之数五十"有"脱文"。陈作喆《寓简》卷一"大衍之数五十，其用四十九"条下，录有陆秉的解说。其文曰：

> 陆秉曰："此脱文也。当云'大衍之数五十有五'。盖天一地二，天三地四，天五地六，天七地八，天九地十，正五十有五。而用四十有九者，除六虚之位也。古者卜筮，先布六虚之位，然后揲蓍而六爻焉。如京房、马季长、郑康成以至王弼，不悟其为脱文，而妄为之说，谓'所赖者五十'，殊无证据。又曰'不用而用以之通，非数而数以之成'，此语尤诞。且《系辞》曰：'天数二十有五，地数三十，凡天地之数五十有五。'岂不显然哉！又乾坤之策，自始至终无非五十有五数也。"

陆秉的上述解说，大旨有二：其一，他指出《周易·系辞传上》"大衍之数五十"为脱文，应校订为"大衍之数五十有五"；其二，他认为古代筮占之始，"先布六虚之位"，大衍之数五十有五，"除六虚之位"后，"其用四十有九"。陆秉的这一解说，是前无古人的。[①]

陆秉的第一点认识，就是把天地之数视为大衍之数，与金景芳先生的观点是一致的。"陆秉的这一解说，是前无古人的"，恰恰说明陆

[①] 郭鸿林：《评宋人陆秉对〈周易〉"大衍之数"的解说》，《周易研究》1992 年第 1 期。

秉之前并没有"六虚之位"的说法。换句话说，这一说法是陆秉自己臆造出来的。如果说"大衍之数五十"有脱文的话，那么，陆秉之前的古人一定见过未脱文的《系辞》版本。"前无古人"之说，恰恰表明郭鸿林先生没有发现陆秉之前有人采用过五十五枚蓍草的《周易》筮法。《周易》筮法创建于西周或先周时代，西周至陆秉时代竟无一人知道用五十五枚蓍草的《周易》筮法，充分表明这一筮法并不存在。

于成宝先生在《〈周易〉大衍之数略论》一文中，对"六虚之位"的最早出处进行了考证：

> 以六根蓍草象征"六虚"之位，以剩下的四十九根蓍草揲扐求卦。推原这种说法的最早出处，当出自《易纬乾坤凿度》，其"天地合策数五十五"条："所用法古四十九，六而不用，驱之六虚。"纬书中的"大衍之数"的说法不一，驳许错乱，本不足信。①

《乾、坤凿度》称："庖牺氏先文，公孙轩辕氏演古籀文，仓颉修为上下二篇。"《御制题乾坤凿度》称："乾、坤两凿度，撰不知谁氏，矫称黄帝言，仓颉为修饰。"《钦定四库全书·易类提要·乾坤凿度》称："按《乾、坤凿度》二卷，《隋、唐志》《崇文总目》皆未著录，至宋元祐间始出。晁公武疑为宋人依托。"《崇文总目》成书于宋仁宗庆历元年（1041），《乾、坤凿度》应成书于宋仁宗庆历元年至宋哲宗元祐年间之间。作者大约与陆秉同时或稍后。陆秉、《乾、坤凿度》作者为了证明"大衍之数五十有五"的权威性和正统性，便矫称其是伏

---

① 于成宝：《〈周易〉大衍之数略论》，《求索》2007年第10期。

羲、黄帝、仓颉等古圣人之言。众所周知，这几位古圣人生活的时代，《连山》《归藏》尚未问世，又何谈《周易》？何谈大衍筮法？显然，不管是前无古人的"六虚之位"说，还是据此提出的"脱文"之说，均是北宋中后期的学者虚构的。

四、从《周易》筮法看大衍之数的"脱文"

鉴于"大衍之数五十""大衍之数五十有五"均涉及《周易》筮法的蓍草数量，因此，有必要从《周易》及其筮法传承的层面，来考察大衍之数是否存在所谓的"脱文"。

关于孔子传易世系，《汉书·儒林传》曰：

> 自鲁商瞿子木受《易》孔子，以授鲁桥庇子庸。子庸授江东馯臂子弓。子弓授燕周丑子家。子家授东武孙虞子乘。子乘授齐田何子装。及秦禁学，《易》为筮卜之书，独不禁，故传受者不绝也。汉兴，田何以齐田徙杜陵，号杜田生，授东武王同子中、雒阳周王孙、丁宽、齐服生，皆著《易传》数篇。同授淄川杨何，字叔元，元光中征为太中大夫。齐即墨成，至城阳相。广川孟但，为太子门大夫。鲁周霸、莒衡胡、临淄主父偃，皆以《易》至大官。要言《易》者本之田何。[①]

《汉书·艺文志》则曰：

---

① ［汉］班固撰，［唐］颜师古注：《汉书》，中华书局，2005，第2668页。

昔仲尼没而微言绝，七十子丧而大义乖。故《春秋》分为五，《诗》分为四，《易》有数家之传。……汉兴，田何传之。讫于宣、元，有施、孟、梁丘、京氏列于学官，而民间有费、高二家之说，刘向以中《古文易经》校施、孟、梁丘经，或脱去"无咎""悔亡"，唯费氏经与古文同。[①]

《隋书·经籍志》梳理了两汉至唐代的易学传承情况：

汉初又有东莱费直传《易》，其本皆古字，号曰《古文易》。以授琅邪王璜，璜授沛人高相，相以授子康及兰陵毋将永。故有费氏之学，行于人间，而未得立。后汉陈元、郑众，皆传费氏之学。马融又为其传，以授郑玄。玄作《易注》，荀爽又作《易传》。魏代王肃、王弼，并为之注。自是费氏大兴，高氏遂衰。梁丘、施氏、高氏，亡于西晋。孟氏、京氏，有书无师。梁、陈，郑玄、王弼二注，列于国学。齐代唯传郑义。至隋，王注盛行，郑学浸微，今殆绝矣。[②]

由《汉书·艺文志》《儒林传》的记载可知，孔子传易世系并非单传，除"商瞿子木受《易》孔子"外，孔门弟子中还有子夏善易。如《史记·仲尼弟子列传》《史记索隐》均称"子夏文学著于四科，序《诗》，传《易》"，并有《子夏易传》传于后世。孔子去世之后，"易有数家之传"。

事实上，《周易》筮法的创建时间远早于《易传》的成书时间。

---

① [汉] 班固撰，[唐] 颜师古注：《汉书》，中华书局，2005，第1351、1353页。
② [唐] 魏徵等：《隋书》，中华书局，2003，第654页。

西周早期,《周易》筮法作为周天子与先王和天帝沟通的手段,由史佚之类的太史执掌,《周礼·春官》有"太卜掌三易"之说。厉王、幽王时代,由于王室衰落,畴人子弟分散,天文历算知识传播至各诸侯国乃至民间,产生了许多数术学派。《左传》《国语》中有二十二处提及《周易》卜筮的记载,表明早在孔子传易之前,《周易》已经通过多种渠道传承至各诸侯国,儒家易仅是易学流派中的一个分支而已。

帛书《要》篇引孔子之言曰:

> 《易》,我后其祝卜矣,我观其德义耳也。幽赞而达乎数,明数而达乎德,有仁〔存〕者而义行之耳。赞而不达于数,则其为之巫;数而不达于德,则其为之史。史巫之筮,向之而未也,好之而非也。后世之士疑丘者,或以《易》乎!吾求其德而已,吾与史巫同途而殊归者也。①

由帛书《要》的记载可知,早期的《易》属于巫觋易,重在幽赞;后来演变为史官易,重在数术推演;孔子之《易》为儒家易,重在立德。虽然三易的重心不同,但它们的筮法都是在"文王演周易"时代创建的大衍筮法。

由此可见,至迟从春秋早期开始,易学典籍和筮法已经出现了多种传授渠道和传承方式。就传承方式而言,既有传经师的口授讲解、文字传承,也有操演揲蓍等行为传承。早在《易传》问世之前,古人便以五十枚蓍草卜筮。随着易学的发展,出现了多种周易《古经》传本、著书传本、《易传》传本,各种传本的筮法原则与揲蓍操作可以

---

① 郭沂:《帛书〈要〉篇考释》,《周易研究》2004 年第 4 期。

相互借鉴与比较，绝不可能由于某一个传本出现"脱文"，导致后世所有传本均出现"脱文"，所有《周易》筮法均由五十枚蓍草改变为五十五枚蓍草。

秦燔六经，易以卜筮独存，先秦时代的诸多《周易》传本得以保存下来。汉武帝独尊儒术，重视搜集、整理前代典籍。成帝之时，刘向、刘歆父子组织大规模校书，其中，"《易》十三家，二百九十四篇"。①汉代以后，各个朝代出于保证儒家经典文献的准确性、为学子提供官方刻本的考虑，都进行过大规模的校勘石刻儒家经典工程，故不可能存在"脱文"的情况。

综上所述，厉王、幽王时期，由于王室衰微，执掌古天文历法和卜筮的畴人大量出走，各诸侯国乃至民间出现了多种传授渠道和传承方式的筮法和易学典籍。各种文献之间、筮法之间以及文献与筮法之间可以比对与验证。因此，大衍筮法绝不会因为某一传本的"脱文"而发生改变。

五、郑玄的"大衍之数五十有五"源自《乾凿度》

最早提出"大衍之数五十有五"的学者是东汉后期的郑玄，但郑玄在注《乾凿度》时又提出"大衍之数五十"。陈作喆《寓简》引陆秉之言曰："如京房、马季长、郑康成以至王弼，不悟其为脱文，而妄为之说，谓'所赖者五十'，殊无证据。"在陆秉看来，郑玄与京房、马融都是持"大衍之数五十"说的。《后汉书·郑玄传》曰，"郑玄造太学受业，师事京兆第五元先，始通京氏易"，后又"事扶风马融"。②

---

① [汉] 班固撰，[唐] 颜师古注:《汉书》，中华书局，2005，第 1353 页。
② [南朝宋] 范晔撰，[唐] 李贤注:《后汉书》，中华书局，2005，第 810 页。

京房和马融均持"大衍之数五十"说，郑玄易学思想承袭自京房和马融是毋庸置疑的。郑玄之所以又提出"大衍之数五十有五"，应是认为两说可以共存，而非存在"不脱文"的《系辞》版本。

"大衍之数五十有五"之说，出自郑玄注《乾凿度》"太一行九宫"。关于《乾凿度》的原文和郑玄注释，请参见本书第一章关于"大衍之数与九宫八卦图"的论述。我们只要把"太一行九宫"的行走顺序按"阳出""阴入"分为两个行程，再加以自然数标注后就可得到：

"阳出"历经坎 1—坤 2—震 3—巽 4—太一 5。

"阴入"历经乾 6—兑 7—艮 8—离 9—太一 5（10）。

这就是《乾凿度》所谓的"行从坎宫始，终于离宫，数自太一行之"的每日一宫、一旬十宫的运行规律。由于九宫图有"1"至"9"九个要素，太一神两次行走中宫而成十日，构成十天干的十个要素。体现在大衍筮法上，就要"去一不用"，只用五十要素中的四十九个，以与九宫相合。这里的"一"，就是太一或北辰。从十日的层面来看，从一到十为"天地之数"，合为五十五。中宫的数字序号为"5"，由于太一神两次行走中宫，数字"5"重复一次，故"天地之数"去"5"即为大衍之数。按照《周易》筮法"去一不用"的要求，用其四十九。根据这一思想，九宫八卦既可以演绎大衍之数，同时又与天地之数阐合。郑玄据此认为，大衍之数是由天地之数演化而来的，在注《系辞》时提出："大衍之数五十有五，五行各气并，气并而减五，惟有五十，以五十之数，不可以为七八九六卜筮之占以用之，故更减其一，故四十有九也。"依郑玄义建立明堂制度的乾封诏书之所以遭到反对，其中的一个重要原因就是"郑玄注多据纬书"，而"大衍之数五十有五"恰恰出自纬书《乾凿度》。

当代学者认为，《乾凿度》似与其他纬书有所不同，从其内容来看，可以溯源到先秦时代。笔者赞同这一认识，并在本书第一章"试论大衍秘术及其传承"部分论述了《乾凿度》与孔子传易之间的渊源。《乾凿度》以"太一行九宫"来论述大衍之数，由此得到的九宫八卦图，可以同时与大衍之数五十和天地之数五十有五相容。这是郑玄提出"大衍之数五十有五"的依据。尽管如此，"大衍之数五十"仍然不能更改为"五十有五"。

六、从宗教文化看《周易》筮法

三易产生于夏商周三代，三代实行政教合一的宗法制度，其宗教信仰是对天神和祖先的信仰。夏禹、商汤、周文王作为受命于天的开国君王，分别创建《连山》《归藏》和《周易》，作为与上天沟通的手段。夏正建寅、殷正建丑、周正建子分别是三代的历法，三代按照各自的历法创建三易的筮法。其中，周文王以"周正建子"创建西周历法，其历法要素为五十，即十天干、十二地支、二十八宿。天地万物由此五十要素衍生而来，故以五十枚蓍草揲蓍之，名曰"大衍筮法"。"大衍"者，衍生天地万物者也。

从目前已出土的殷墟甲骨文和商周金文来看，与上天沟通的手段首先是祭祀。周人有冬至郊祀、朔日朝会以及重大军事行动之前的祭祀等。祭祀仪式包括奏乐、献礼、祷告等。首先，主祭者将询问上天的事项写在册书上，焚烧册书告知先祖，先祖再转告天帝。其次，主祭者用龟甲或兽骨占卜，占卜结束后，将占卜的时间和结果等刻写在牛骨或龟甲之上。这一整套祭祀礼仪在周礼中有详细的规定，主祭者要严格遵循相关规定，违犯规定将被视为对上天和祖先的大不敬。《汉书·艺文志》曰：

　　蓍龟者，圣人之所用也。《书》曰："女则有大疑，谋及卜筮。"《易》曰："定天下之吉凶，成天下之亹亹者，莫善于蓍龟。""是故君子将有为也，将有行也，问焉而以言，其受命也如响，无有远近幽深，遂知来物。非天下之至精，其孰能与于此！"及至衰世，解于齐戒，而娄烦卜筮，神明不应。故筮渎不告，《易》以为忌。[1]

　　执掌卜筮的太卜属于神职人员，卜筮也只在家族内部传承。卜筮作为重大祭祀和典仪的一部分，通过一整套严格的程序，赋予五十枚蓍草的分、挂、揲、扐以"神性"，从而实现与先祖和上帝的沟通。卜筮的结果，被视作上帝和先祖的回复，也是天意。这样一来，大衍筮法由文王创建，由周公纳入周礼，作为周人宗教信仰的一部分，是不能改变的。因此，自文王演《周易》以来，大衍筮法从来没有改变过。而《周易》之所以被认为可以"究天人之际，通古今之变"，其道理就在于此。

　　专门阐述筮法的文献，在《汉书》中被称作"蓍龟"之书。《汉书·艺文志》蓍龟类有《蓍书》二十八卷、《周易》三十八卷、《大筮衍易》二十八卷等筮法文献。[2] 这些筮法文献多属于史官易和术数易的传承体系，完全独立于儒家易的传承世系，自然不会受到《易传》脱文的任何影响。

---

①　[汉] 班固撰，[唐] 颜师古注：《汉书》，中华书局，2005，第1392页。
②　[汉] 班固撰，[唐] 颜师古注：《汉书》，中华书局，2005，第1392页。

七、本章重要结论

I. 金景芳先生所谓的"大衍之数五十"阙文说，错误地把大衍之数与天地之数混为一谈。从古天文历法的层面来看，大衍之数的内涵即为古《周历》的历法原则，大衍之数五十即为"十日、十二辰、二十八宿"，是天道运行的五十要素。文王在演《周易》的过程中，按照古《周历》创建了《周易》的大衍筮法，故《周易》筮法的本质就是以揲蓍拟比日月星辰运行，实现与上天和先祖的沟通。"天地之数"并非剩语，天地之数六十四字阔合了五行规律。唯有用五行成数七、八、九、六作为《周易》筮数来整合四营，才能成六爻，成六十四卦，才有乾、坤之策和万物之数。由此可见，大衍筮法以大衍之数四十九字引入阴阳观念，体现了天地四时的衍生变化；以天地之数六十四字引入五行观念，体现了万物的五行特征及其衍生变化。故大衍之数为五十。

II. 陈恩林先生根据《旧唐书·礼仪志》所记"乾封诏书"之明堂规制"堂心八柱，按《周易》大衍之数五十有五，故长五十五尺"云云，认为唐代当有"大衍之数五十有五"的不脱文的《系辞》版本。按《新唐书》《通典》等文献记载，"乾封诏书"因其所据郑玄义多出自纬书，未能付诸实施。玄宗时代重新制定《大唐开元礼》，否定了"乾封诏书"中的明堂制度。因此，《新唐书》中没有出现"乾封诏书"的记载。"乾封诏书"中的"大衍之数五十有五"出自《礼记·月令》中的郑玄注和孔颖达疏，而不是所谓的"不脱文的《系辞》版本"。此外，也没有任何证据表明，唐朝存在所谓"不脱文的《系辞》版本"。因此，陈恩林先生以"乾封诏书"为依据，主张"大衍之数

"五十有五"是无法成立的。

Ⅲ. 郭鸿林先生在《评宋人陆秉对〈周易〉大衍之数的解说》一文中，引用宋人陆秉的说法，认为"大衍之数五十"有"脱文"。陆秉认为，古代筮占之始，"先布六虚之位"，大衍之数五十有五，"除六虚之位"后，"其用四十九"。陆秉之说出自《乾坤凿度》"天地合策数五十五"条："所用法古四十九，六而不用，驱之六虚。"《乾坤凿度》称："庖牺氏先文，公孙轩辕氏演古籀文，仓颉修为上下二篇。"《御制题乾坤凿度》称："乾、坤两凿度，撰不知谁氏，矫称黄帝言。"黄帝、仓颉之时，《周易》尚未问世，何来"六虚"之说？显系后人编造。又据《钦定四库全书·易类提要·乾坤凿度》称："按《乾坤凿度》二卷，《隋·唐志》《崇文总目》皆未著录，至宋元祐间始出。"似为伪作。

Ⅳ. 厉王、幽王时代，由于执掌古天文历法和卜筮的畴人大量出走，各诸侯国乃至民间出现多个学派、多种传承方式和传播渠道的易学典籍及筮法。各种文献典籍之间以及文献与筮法的实际操作之间，可以相互比对和验证。因此，大衍筮法并不会因为某一传本的"脱文"而发生改变。

Ⅴ. 郑玄先事京兆第五元先，后事马融，第五元先与马融均持"大衍之数五十"说。郑玄在注释《乾凿度》的"太一行九宫"时，认为大衍之数乃由天地之数演化而来，故提出"大衍之数五十有五"的认识。这与所谓"五十有五"的脱文之说，并无关系。

Ⅵ. 大衍筮法由文王创建，由周公纳入周礼，是周人宗教信仰的一部分。卜筮结果作为天意的象征，是神圣的，五十枚蓍草的分、挂、

揲、扐由此被赋予以"神性"。因此,自文王演《周易》以来,大衍
筮法从未改变过。而《周易》之所以被认为可以"究天人之际,通古
今之变",正源于此。

戊戌之年孟冬十月十四日修改完稿于羲和山庄

☯ 后记 对文明起源的认识

　　书稿收官之后，意犹未尽。本书从破译千古之谜"大衍之数"入手，探索阴阳五行思想起源，将其追溯到黄帝创建五行时代。这一时代，同样也是中华文明五千年历史的源头。两者相合，并非偶然，充分表明一个古老文明一定与它的主流哲学思想相伴而生。

　　世界上公认的四大文明古国，分别是古巴比伦、古埃及、古印度和中国。四大文明古国实际上对应着世界四大文明发源地，即两河流域、尼罗河流域、印度河流域、黄河流域这四个大型人类文明最早诞生的地区。四大古文明的意义并不在于时间的先后，而是在于它们是后来诸多文明的发源地，对其所在地区产生了巨大影响。考虑到在四大古文明产生和发展的过程中，文字的产生都有着特殊的重要性，笔者拟从文字入手，为中华文明的起源补充一些知识和观点，以示抛砖引玉。

一、文明的意义与文字的产生

探讨文明起源，首先要厘清"文明"一词的意义。文明的标准是一个世界考古学的普遍问题。1958 年，在美国芝加哥大学东方研究所召开的"近东文明起源学术研讨会"上，美国学者克拉克洪提出了文明的三条标准，第一是要有一定规模的城市；第二是要有文字，没有文字的发明，人类的思想文化积累就不可能存留和传播；第三是要有复杂的礼仪建筑，即为了宗教的、政治的或者经济的原因而特别建造的复杂建筑。1968 年，长期担任剑桥大学考古学系主任、曾担任过世界考古学史会议主席的英国学者格林·丹尼尔的大作《最初的文明——文明起源的考古学》，将考古学上通行的文明标准普及到全世界。后来，学者们又补充了一条，即冶金技术的发明和应用。国人对于文明的认识，多来自夏鼐先生。1983 年春，夏鼐先生在日本演讲《中国文明的起源》时提出："现在史学界一般把'文明'一词用来以指一个社会已由氏族制度解体而进入了有国家组织的阶级社会的阶段。这种社会中，除了政治组织上的国家以外，已有城市作为政治（宫殿和官署）、经济（手工业以外，又有商业）、文化（包括宗教）各方面活动的中心。它们一般都已经发明文字和能够利用文字作记载（秘鲁似为例外，仅有结绳纪事），并且都已知道冶炼金属。文明的这些标志中以文字最为重要。"①

中华文明五千年历史的认识源于《史记》。《史记》的记载从黄帝开始，黄帝被尊奉为中华民族的祖先，中华儿女也以炎黄子孙自居。然而，这一认识需要考古发现作为佐证。1899 年，在河南安阳发现

---

① 夏鼐:《中国文明的起源》，文物出版社，1985，第 1—2 页。

的殷墟甲骨引起了全世界的高度关注。以殷墟为代表的殷商文明,几乎具有早期文明的所有特征:一是出现了以宗庙等大型夯土台基宫殿建筑群为核心的都城,宗庙既是王公贵族的祭祀场所,也是处理朝政事务的重要场所;二是青铜制造的礼器和兵器得到广泛使用;三是出现了大型王陵墓区;四是成熟的甲骨文已经得到应用。王国维先生在《殷卜辞中所见先公先王考(含续考)》中提出,《史记·殷本纪》与《世本》中所记载的殷王世系都可以在卜辞资料中得到验证。这就从一个侧面证明,《殷本纪》记载的殷商王朝是确实存在的。[①] 此外,在二里岗文化和小屯文化分布范围及其周边地区出土了大量的商代青铜器。金属的发现和利用,是中国古代文明发展和社会进步的根基,殷商时代高度发达的青铜文明,在中国古代物质文化发展史上是所属时期文化艺术的典型,也是同一时期世界文化宝库中的珍品,在世界文明发展史上具有特殊重要的地位。

文字是人类发展到一定阶段的产物。无论是从文字的起源来看,还是从社会发展的进程来看,在甲骨文这一成熟的文字出现之前,汉字已经走过了漫长的历史阶段。换句话说,殷墟文明不是中华文明的起点。唐建先生提出,殷商甲骨文起源绝对年代的重要性在于,它直接关系到一个在国内似无争论,但在国际上至今激烈争论的问题:殷商甲骨文究竟是独立起源的,还是从西方传入的?亦或是从域外其他文字系统衍生出来的?对这个问题的回答又关系到文字起源中的一个重要问题:文字究竟是在世界某一地方首先起源,然后扩散到其他地方,还是在不同的地方各自起源?更重要的是,对这一问题的回答还牵涉到如何解释中华文明的起源问题。

---

① 崔波:《试论古文字与殷商文明》,《河南师范大学学报(哲学社会科学版)》2003 年第 2 期。

西方对汉字起源的一贯看法是，汉字不是在中国起源的，而是由西方传入中国的。第一个记录有关中国文字情形的西方学者，是 13 世纪英国批判经院哲学家罗杰·培根。培根说，东方的中国人用画画的工具那样的东西来写字，写出一组字，每组字代表一个句子。字是由很多字母组成的，字还具有句子的意思。培根的观点一直影响了世界学术界一百余年。至少在 14 世纪，美国历史学界仍然认为，汉字是与拉丁文字相似的一种文字系统，并不是在中国独立起源发展的，而是由拉丁文字衍生出来的。19 世纪后半叶至 20 世纪的西方学术界进一步强调了他们坚持了近七百年的一贯看法，并不断提供所谓的"证据"来证明中国文字是由西方起源后，再传入中国的。即便是 1899 年甲骨文的发现也没有改变这一局面。到 20 世纪 60 年代，西方权威文字学家葛尔伯在其绘制的文字谱系表中，仍将殷商甲骨文归为"苏美尼亚、埃及、赫梯文字的后裔"。[1]

中国学者显然无法接受西方的观点。20 世纪，限于当时的考古发现，中国学者就汉字的起源问题提出过两种观点：一是以西安半坡、姜寨等遗址为代表的仰韶文化时期的、以几何形状为主的抽象陶器刻划符号；二是以山东莒县陵阳河遗址为代表的、大汶口晚期陶尊口沿上象形性的刻划符号。郭沫若先生于 1972 年提出："半坡时代的年代，距今有六千年左右。……彩陶上的刻划记号，可以肯定地说就是中国文字的起源，或者中国原始文字的孑遗。"[2] 于省吾先生也持同样的观点。[3] 但裘锡圭先生认为，大汶口文化遗址出土的象形符号才

---

[1] 唐建：《贾湖遗址新石器时代甲骨契刻符号的重大考古理论意义》，《复旦学报（社会科学版）》1992 年第 3 期。

[2] 郭沫若：《古代文字之辩证的发展》，《考古学报》1972 年第 2 期。

[3] 于省吾：《关于古文字研究的若干问题》，《文物》1972 年第 2 期。

是文字。^① 唐兰先生也认为:"在大汶口发现的、出现在五千五百年前的陶器文字,是属于远古的意符文字,这才是目前发现的最早的中国文字。中国文明史,始于这些文字出现之时。"^② 李学勤先生说:"大汶口文化、良渚文化遗址出土的象形符号是文字。"^③ 曹定云先生说:"经碳14测定并经树轮校正,大汶口文化的年代约在公元前4300年至公元前2500年;良渚文化的年代约在公元前3300年至公元前2200年。它们的年代范围大致接近。这两种文化所处的历史发展阶段也大致相同:均处于氏族社会末期,原始公社制已走向解体,私有制逐渐形成,父权制开始确立。由此可知,这两种文化的先民已经迈向了'文明'的门槛。他们发明了'文字'是很自然的。根据史载推断,夏之年代约当于公元前21世纪至公元前16世纪,故大汶口文化和良渚文化的年代明显早于夏代,距今约6300年至4200年,相当于传说中的'三皇五帝'时代。"^④

随着考古出土的器物越来越多,器物刻划符号的内容也越来越丰富,其中最具代表性的是河南贾湖裴李岗文化遗址出土的龟甲文和安徽蚌埠双墩青莲岗文化遗址出土的陶器底部的刻划符号。

贾湖裴李岗文化遗址于20世纪80年代,由河南省文物研究所在河南省舞阳县发现。最受中国学术界关注的是,出土了一批距今八千年左右的龟甲契刻符号及骨笛,刻在龟腹甲上的"目"字、刻在龟背甲上的"乙""甲""八""九""日""永"等符号,多与殷墟甲骨文的字形相似。正如本书第六章在论述五行起源时所言:"中国远古农业的起源相当久远,就已经发掘的一些典型考古遗址来看,距今约8000

---

① 裘锡圭:《汉字形成问题的初步探索》,《中国语文》1973年第3期。
② 唐兰:《访唐兰教授谈中国历史分期》,《广角镜》1978年5月16日。
③ 李学勤:《考古发现与中国文字起源》,《中国文化研究》1985年第2期。
④ 曹定云:《中国文字起源试探》,《殷都学刊》2001年第3期。

年的黄河中游的磁山和裴李岗文化中就发现了大量的粟类作物，石斧、石刀、石铲、石磨盘等农具和工具，乃至家畜等。能够在固定的土地上获得较为稳定的食物来源，就可以逐渐实现温饱和定居，摆脱渔猎时代为果腹奔忙的艰辛劳苦，乃至受到猛兽毒蛇攻击的危险状态。"温饱和定居是形成部落以及部落联盟的基础。

贾湖遗址龟甲契文的时代不仅比山东陵阳河等大汶口晚期遗址的时代早了两千多年，而且其使用的材料也与后来殷墟甲骨文的材料相同，有学者据此提出，贾湖契刻的发现，为探索殷商甲骨文的历史源头提供了可靠证据。李学勤先生等在国际考古刊物上撰文提出，贾湖遗址龟甲契刻符号表示与原始礼仪或祭祀活动有关的特定含义，经长时间的使用，最后进入文字系统。国际著名刊物 *Science* 迅速对李文作了评论。该评论虽未能接受李文的主要观点，但反映了国际学术界对这些资料的重视程度。①

贾湖遗址龟甲契刻符号数量有限，不足以观察文字性符号的初期面貌。相比之下，1985—1992 年间在安徽省蚌埠市小蚌埠镇双墩村发现的陶器刻划符号不仅数量多，而且象形程度高，其中一些文字性符号与甲骨文符号已颇为相似，为观察原始文字性符号的孕育过程提供了珍贵文物。

王晖先生将中国文字的起源划分为三个阶段：

一是汉字正式产生之前的"文字画"和文字性符号阶段。这一时期开始于距今七八千年的裴李岗文化贾湖遗址和青莲文化双墩遗址，盛行于仰韶文化晚期与大汶口文化晚期。这些"文字画"或文字性的陶器刻划符号虽然不是严格意义上的早期"文字"，但与商周甲骨金

---

① 王晖：《中国文字起源时代研究》，《陕西师范大学学报（哲学社会科学版）》2011 年第 3 期。

文的字形存在前后相继的关系。

二是汉字正式诞生的阶段。龙山文化中后期，已经出现了能够表明是用来记录语言的组字成句的早期正式文字。这一阶段主要包括山东、江苏的龙山文化，苏南浙北的良渚文化，晋南的陶寺文化等。这一时期不仅有组字成句的早期正式文字，还在陶寺文化遗址出土了朱书"文字"。因此，这是早期文字正式形成的一个特殊时代。

三是中国早期文字广泛使用并逐步成熟的阶段。大约从传说中的虞夏时代开始到夏商时代，中国早期文字被广泛使用并逐步成熟。完全成熟应在西周时代。

王晖先生还提出，文字是社会发展到一定阶段的产物，是人类进入文明阶段的重要标志之一，更是界定文明的重要标志之一。和其他物质文明的创造一样，中国早期文字是古代社会发展进化的必然结果。古史传说中的"仓颉造字"说虽无法证实，但从出土的考古资料来看，距今七八千年的裴李岗文化贾湖遗址、青莲文化双墩遗址以及距今七千年至五千年的仰韶文化遗址中发现的"文字画""文字性符号"是早期汉字的孕育时期，距今四千五百年至四千年的龙山文化时期出现的组词成句类汉字，标志着中国早期文字正式产生了。[①]

二、古天文历法在文字发展中的作用

根据王晖先生的认识，大约从传说中的虞夏时代开始到夏商时代，中国早期文字被广泛使用并逐步成熟。提起虞夏时代，绕不开一个关系到中华文明起源的事件，即帝喾、帝尧创建阴阳合历。

---

① 王晖：《中国文字起源时代研究》，《陕西师范大学学报（哲学社会科学版）》2011 年第 3 期。

本书第四章提出，按照赵永恒先生和李勇先生以岁差改正使用国际天文学会推荐的 P03 模型的推演，在公元前 2314 年至公元前 2176 年间，四仲中星天象与模型天象吻合得最好，与传说中的帝喾到帝尧时代基本相符。这一结果证明了四仲中星天象的可靠性。

四仲中星天象应属于龙山文化时代，与王晖先生所说的早期文字正式形成的第二阶段相合。只有在长期和大型天文观测的基础上，才能得到四仲中星天象、确定回归年长度以及置闰规则等天文历法成就。因此，我们可以结合阴阳合历的创建过程，来探讨这一历史时期的文字发展情况以及古人的科学思想情况，这些对文明起源和文字起源都有重大意义。

黄帝战胜神农、蚩尤，帝尧平定九黎之后，中原地区进入了部族联盟时代的农业社会。农业特别注重农时，必然要求对日月运行进行更加精确的观测，从而为天文观测体系的建立奠定了基础。古人鉴于太阳沿黄道视运行，月亮围绕地球运行，以黄赤道附近的恒星作为星空背景，建立了观测日月运行的参考系，形成了星座的概念，并为这些星座命名。古人以常见的动物、生活用品、生产器具等为星座命名。《系辞》伏羲"观鸟兽之文"中的"鸟兽"，事实上是以鸟、兽命名的星座。所谓"文"，即为天象。另外，天文观测的大致步骤为：首先建立东、南、西、北四方，其次判定黄赤道星座和日月运行之间的相对位置，最后观测日月运行、四季变化和物候现象之间的对应规律。物候现象有昼夜长短，候鸟来去，植物的生长变化，江河湖泊的流动和结冰等。

天文观测的一个重要特点是，要想得到准确的天文参数，必须进行长期反复的天象观测。朔望月长度的观测和确定需要几年的时间，回归年长度的观测和确定则需要几十年乃至长得多的时间。也就是说，要将如此长的年代观测得到的各种有关数据和相应的物候现象记录下来，并且长期保存。从四仲中星天象中记载的"期三百有六旬有六日，以闰月定四时，成岁"来看，当时的"岁长"是指相邻的两个冬至日之间的长度。冬至日是一岁中日影最长的那一天。由于测量误差以及天气等原因造成的观测困难，需要在长期观测的基础上求得平均值，再确定一岁的长度。与此同时，还要测定朔望月的长度，按照日月运行规律建立置闰规则。所有这一切，直接催生了算学、古天文学和早期历法学的诞生。这要比根据事物形状来创造象形文字的过程更为复杂，也更具智慧。因此，在观测四仲中星天象和建立相应的二分二至节气的过程中，逐渐具备了比较成熟的、可以满足天文观测和历法计算的文字体系以及长期保存文献的方法。

四仲中星天象语出《尚书·尧典》，但《尚书》等先秦典籍大都成书于春秋前后。由于这些典籍中记载的天象都是实际观测的记录，故其祖本一定是在事件发生的年代完成的。祖本中既包括了当时的天文观测记录，也有同一时代的物候现象，以及与天文观测有关的朝政事务记载等。后世太史进一步将祖本和先人记忆的口述传承整理成册，传诸后世。最早见诸史载的整理者是春秋时代的孔子，其后又有西汉时代的伏生、孔安国、戴德等人。归根结底，传世文献中的许多内容都来自《尧典》和有关历史文献的祖本，后世的整理者只是进行了文字加工。应该说，至迟在帝喾、帝尧时代，已经形成了较为成熟的早期文字体系。夏商时期，早期文字体系得到进一步的发展和丰富。

部落联盟时期，时人出于对于上天的信仰，形成了"礼必本于天"的社会管理模式。夏商周时期，时人根据当时的天文历法成就，建立了相应的夏礼、殷礼和周礼。礼，既包括对上天和先祖的祭祀，又包括王朝管理的典章制度。天文观测和礼的制定、贯彻与实施，一方面是社会发展的必然结果,另一方面必然导致文字的逐步发展和日趋成熟。

三、科学思维和古天文学的诞生是中华文明的重要标志

科学思维与古天文学相伴而生,二者均是中华文明的重要标志。一个民族领袖人物的科学思维及其创建的古代科学,对于当时的社会发展具有强大的推动作用。这里就科学思维和方法略作补充论述。

按《大戴礼记·五帝德》曰:"(帝喾)历日月而迎送之。"《礼记集注》孔广森曰:"寅宾出日曰迎,寅饯纳日曰送。"王聘珍曰:"《尔雅》曰:'历,相也。'相日月之出入而察之,若寅宾、寅饯然,故曰迎送之。"[1] 可知,帝喾通过观测日出和日入来研究太阳的运行位置与四时之间的关系,观察太阳在特定位置时的物候现象。在众多物候现象中,他之所以选择昼夜的长短变化,是因为三个方面的原因:首先,昼夜长短变化是四时变化的本质性特征的反映;其次,昼夜长短变化是可以准确测量的;最后相对于太阳的位置变化和恒星天象的出没规律,昼夜长短具有更强的周期性规律。在观测日月运行规律的过程中,帝喾认识到太阳的运行位置具有四个特征点,刚好与昼夜长短的四个特征点相对应,并有特定的恒星天象按时出现。帝喾、帝尧经过长期观测得到的结论是:

当太阳的位置运行到最南之点时,白昼最短,是为冬至,昏中星为昴宿,即所谓"日短星昴,以正仲冬";

当太阳的位置从最南向北运行达到中点时,昼夜等分,是为春分,昏中星为鸟宿,即所谓"日中星鸟,以殷仲春";

---

① 黄怀信等:《大戴礼记汇校集注》,三秦出版社,2005,第746页。

当太阳的位置运行到最北之点时，白昼最长，是为夏至，昏中星为大火，即所谓"日永星火，以正仲夏"；

当太阳的位置从最北向南运行再次达到中点时，昼夜等分，是为秋分，昏中星为虚宿，即所谓"宵中星虚，以殷仲秋"。

帝喾父子最早提出和证明，太阳绕地球的视运行决定了大地的四时变化，据此建立了四中气的节气——冬至、春分、夏至、秋分，乃至创立了日地关系的基本架构。正是在这一架构的基础上，后人才得以认识四时的本质，量化地建立二十四节气，创建推步历法。现代天文学中的太阳视运行仍然以冬至点为太阳的近地点，夏至点为太阳的远地点，而春分点、秋分点则位于黄道面与赤道面的交点上。春分、夏至、秋分、冬至四等分黄道，且分别为黄经 0 度、90 度、180 度、270 度。只有正确认识地球与太阳的关系，才能认识太阳系，进而认识宇宙，才有现代天文学。从这个意义上来说，帝喾是现代天文学中基础性的日地架构理论的奠基者。

总之，古天文学和古历法的诞生与发展，在推动农业社会发展的同时，也促进了文字的发展，促进了对天的宗教信仰的形成，促成了影响中国数千年的阴阳五行哲学思想的问世。因此，古天文学和古历法是中华古代文明的重要标志之一。

四、巫觋文化与上古文明

要考证上古文明，必须关注当时的巫觋文化。有鉴于此，许多学者都是从颛顼"绝地天通"入手，来研究巫觋文化的。《国语·楚语下》中有一段著名的记载：

古者民神不杂。民之精爽不携贰者，而又能齐肃衷正，其智能上下比义，其圣能光远宣朗，其明能光照之，其聪能听彻之，如是则明神降之，在男曰觋，在女曰巫。……于是乎有天地神民类物之官，是谓五官，各司其序，不相乱也。……及少暤之衰也，九黎乱德，民神杂糅，不可方物。……颛顼受之，乃命南正重司天以属神，命火正黎司地以属民，使复旧常，无相侵渎，是谓绝地天通。①

所谓"民神不杂"，韦昭注曰："杂，会也。谓司民、司神之官各异。"司民者，是管理人事的官员；司神者，是负责祭天、祭神和观测天象的巫觋。关于"绝地天通"，张光直先生解释道：

天，是全部有关人事知识的汇聚之地，取得这种知识的途径是谋取政治权威。古代，任何人都可借助巫的帮助与天相通。自天地交通交绝之后，只有控制着沟通手段的人，才握有统治的知识，即权力。研究古代中国的学者都认为：帝王自己就是巫的首领。②

故"绝地天通"者，是"王"对天人沟通权力的垄断。垄断了与上天沟通的手段，就具备了统治天下的知识、能力和权威。这就是后世认识巫觋文化的主要出发点。

在绝地天通时代，乃至五帝时代之前，巫觋是部族中最有知识的

---

① 徐元诰撰，王树民等点校：《国语集解（修订本）》，中华书局，2002，第512—516页。

② 张光直：《连续与破裂：一个文明起源新说的草稿》，生活·读书·新知三联书店，1999，第33页。

个人或群体，因对部族的巨大贡献而被拥戴为部族首领。在诸多贡献中，最重要的是对春夏秋冬四时规律的认识。伏羲"观天法地"，创建了最原始的历法——观象授时，被尊奉为中华民族的创世之神。炎帝"分八节以始农功"，[①] 即在认识四时的基础上，创建八节概念以指导原始农业，炎帝由此被推崇为神农部落的首领。黄帝"治五气"，[②]创建五行和星历。帝喾"序三辰"，帝尧"历象日月星辰"，开始观测和研究太阳的运行对四时的决定性作用，由此创建具有中华民族特色的阴阳合历。伏羲、炎帝、黄帝、帝喾、帝尧无不对历法有精深的造诣和突出的贡献，均具备沟通天人的本领。在原始农业形成和不断发展的过程中，人们逐渐认识到历法在农业生产中的重要作用，认识到各种自然现象对人类生存的影响，从而形成了对天的宗教信仰，历法由此成为天意的标志，故古天文历法、祭祀等作为天人沟通的手段，被部落以及部落联盟的首领所垄断。

　　发明制造劳动工具既是人类社会发展与进步的重要标志，也是巫觋获得先民拥戴的又一个重要原因。例如，《系辞》中记载伏羲"作结绳而为罔罟，以佃以渔"，神农氏"斫木为耜，揉木为耒，耒耨之利，以教天下"。[③] 罔罟、耒耨都是最古老的原始农业工具。磁山遗址、裴李岗遗址中出土的农业生产工具，证实了这一记载的真实性。此后："黄帝、尧、舜垂衣裳而天下治。刳木为舟，剡木为楫。舟楫之利，以济不通，致远以利天下。服牛乘马，引重致远，以利天下。重门击柝，以待暴客。断木为杵，掘地为臼，臼杵之利，万民以济。弦木为弧，剡木为矢，弧矢之利，以威天下。上古穴居而野处，后世圣

① 中华书局编辑部编：《历代天文律历等志汇编》，中华书局，1976，第1579页。
② 黄怀信等：《大戴礼记汇校集注》，三秦出版社，2005，第728页。
③ 李学勤主编：《周易正义》，北京大学出版社，1999，第298页。

人易之以宫室，上栋下宇，以待风雨。古之葬者厚衣之以薪，葬之中野，不封不树，丧期无数，后世圣人易之以棺椁。上古结绳而治，后世圣人易之以书契，百官以治，万民以察。"①这一系列的发明和创造，推动人类社会进入文明时代。

《史记·五帝本纪》载，颛顼"静渊以有谋，疏通而知事，养材以任地，载时以象天，依鬼神以制义，治气以教化，絜诚以祭祀"。②这就表明颛顼既能够履行巫觋的职责，又具备管理部落的才能。关于帝舜，按《尚书·舜典》曰："在璇玑玉衡，以齐七政。肆类于上帝，禋于六宗，望于山川，遍于群神。辑五瑞，既月，乃日觐四岳群牧，班瑞于群后。"③这段文字记载的是舜观测天文、祭祀上帝和山川诸神之事，表明帝舜也是巫觋。此外，帝舜还知人善任，以禹治水，皋陶为大理，后稷主农业，伯夷主礼等，"四海之内咸戴帝舜之功""天下明德皆自虞帝始"。④

大禹除了治水的伟大成就外，还具有沟通天人的本领。《洪范》曰："天乃锡禹洪范九畴。"⑤九畴之一为五行，即星历；之四为五纪，即历法；之七曰稽疑，即卜筮；之八曰庶征，是讲天气预报。⑥董春先生曰："夏禹就是当时最大的巫，'禹步'是当时用以与神灵沟通的一种步伐：'昔者姒氏治水土，而巫步多禹。'（《法言·重黎》）'禹步'的出现意味着在当时巫术开始被统治者所掌握，这对后世巫术的政治

---

① 李学勤主编：《周易正义》，北京大学出版社，1999，第300—302页。
② [汉] 司马迁撰，郭逸等标点：《史记·五帝本纪》，上海古籍出版社，1997，第8—9页。
③ 李学勤主编：《尚书正义》，北京大学出版社，1999，第54—55页。
④ [汉] 司马迁撰，郭逸等标点：《史记·五帝本纪》，上海古籍出版社，1997，第26—29页。
⑤ 李学勤主编《尚书正义》，北京大学出版社，1999，第298页。
⑥ 李学勤主编：《尚书正义》，北京大学出版社，1999，第306、314、318—322页。

化进程产生了深远的影响。"①

关于商汤，董春先生认为："在殷墟卜辞中有不少关于巫的记载，在这些记载中，巫的职能为与鬼神沟通。尤其值得注意的是，在商代甲骨文的五个时期中（公元前 1200 年至公元前 1041 年），商王均扮演占卜者。在《墨子》《尸子》《淮南子》等文献中，还发现了商汤祈雨的记载，说明汤就是当时最大的巫。"② 关于周文王和周武王，《周易乾凿度》曰："昌以西伯受命……作灵台，改正朔，布王号于天下。"③《逸周书·祭公》曰："改大殷之命，维文王受之，维武王大克之，咸茂厥功。"④ 此外，《尚书·泰誓》《尚书·武成》《逸周书·世俘》等传世文献中，均多次出现武王在伐纣过程中主持大型祭祀的记载。正如陈梦家先生所言，成汤、周文王、周武王等王者自己虽为政治领袖，同时仍为群巫之长。⑤

最初的文字产生于对天的认识，因为天的知识和天人沟通的权力垄断在以帝王为首的巫觋手中，所以，中国早期文字大都与祭祀和天文观测有关，大量文字出现在帝王宗教活动区域内，如殷墟甲骨就是商王室占卜的记录以及与占卜有关的记事文字。

中国早期文字的普及应该始于西周。西周时期，周文王创建了我国第一部推步历法——周历。自此以后，人们可以推算一年十二个月的朔日干支以及八节的日期，并根据"履端于始，举正于中，归余于终"的历法原则来安排闰月，建立月相干支纪日的方法。推步历法颁

① 董春：《三代巫文化范式转型刍议——以礼乐和占筮为中心》，《周易研究》2018 年第 6 期。
② 董春：《三代巫文化范式转型刍议——以礼乐和占筮为中心》，《周易研究》2018 年第 6 期。
③ 林忠军：《易纬导读》，齐鲁书社，2002，第 100 页。
④ 黄怀信：《逸周书汇校集注》，上海古籍出版社，2007，第 932 页。
⑤ 陈梦家：《商代的神话与巫术》，《燕京学报》1936 年第 20 期。

行以前，对于重大历史事件的记载，是采用天象纪事的方法。如《国语·周语》中关于武王伐纣的记载是"岁在鹑火、月在天驷、日在析木之津、辰在斗柄"。推步历法颁行之后，则采用王年、月、月相干支纪日的方法记载历史事件。西周时期，周王室通过颁朔制度、朔日朝会制度和《月令》制度等来推行周礼和王朝的管理体制，在促进社会的发展的同时，进一步推动了教育和知识的普及，奠定了诸子百家繁荣的基础。因此，后世在许多地方出土了刻有铭文的西周时期的青铜器，而商朝的青铜器和甲骨文却集中出现在都城附近。

尤值得一提的是，孔子将古代巫觋称为"古圣人"。

五、夏朝文明的断层

鉴于殷墟甲骨和青铜器的发现，学界普遍认为殷代将古代中国带入了文明时代。按照夏商周断代工程的估计，殷商王朝大约始于公元前 1600 年。由殷商建立至今，中华文明走过了大约 3600 年的漫长历史，距离通常所说的、从黄帝开始的中华文明 5000 年历史，中间大约有 1400 年的历史需要研究和探索。从文字的演变历程来看，殷墟甲骨文是有系统的、成熟的文字，夏朝文字应该是接近于成熟的文字，但在迄今已发现的所有夏朝遗址中，还没有见到这样的文字，夏朝的文明似乎出现了断层。

夏朝是中国史书中记载的第一个世袭制王朝，夏朝出土文物中有一定数量的青铜器和玉器，年代约在新石器时代晚期、青铜时代初期。根据史书记载，禹传位于子启，改变了原始部落的禅让制，开创中国近四千年帝王世袭制的先河。夏王朝的核心领土范围大约在今河南、山西、湖北、山东和河北一带，这个区域的地理中心在今河南偃师、登封、新密、禹州一带。

夏商周断代史研究和中华文明探源工程初步勾勒出公元前 2500 年至公元前 1600 年，也就是从尧舜时代到夏商之际的社会图景。包括禹都阳城（今河南郑州登封王城岗遗址）在内的夏朝时期 6 座规模大、等级高的中心性都邑均被列入了研究重点。中国传世文献中，关于夏朝的记载较多。二里头文化具备了夏文化的年代和地理位置的基本条件，但一直未能出土类似安阳殷墟甲骨卜辞的文字记载，有学者据此提出，中华文明从殷商开始，甚至有学者提出中国不存在夏朝。

按照传世文献的记载，夏部族大约是在传说中的颛顼帝以后逐渐兴起的。《史记·夏本纪》《大戴礼记·帝系》均称禹的父亲鲧为颛顼之子，但《汉书·律历志下》引"伯禹帝系"曰："颛顼五世而生鲧，鲧生禹。"[1] 司马贞《史记索隐》曰："班氏之言近得其实。"[2] 这一记载表明，夏部族是颛顼部落的一支后裔，禹作为一代巫觋的首领，建立了历史上的夏王朝。帝喾父子创建阴阳合历不仅推动了古天文学和古历法的发展进步，也促成了文字的逐渐成熟，故夏王朝属于比较成熟的文字时代应该是可信的。已发现的夏墟遗址之所以尚未发现文字资料，可能是因为这些遗址都不在夏朝都城附近。有鉴于此，笔者相信，随着考古学的发展，将来必然会发现夏朝文字属于比较成熟的文字的考古证据。至于有些学者所谓的中华文明应从商朝开始，甚至对夏朝的存在提出质疑，都将会被证伪。

---

① ［汉］班固撰，［唐］颜师古注：《汉书·律历志下》，中华书局，2005，第 871 页。
② ［汉］司马迁撰，郭逸等标点：《史记·夏本纪》，上海古籍出版社，1997，第 34 页。

六、结论

中华文明的起源，深深地打上了中华民族历史发展的深刻烙印。中华文明起源时代的基本特征可概括为：以农业社会为主形成国家组织；以城市作为国家政治、经济、文化、宗教等各方面活动的中心；创造和使用文字，用文字记录重大历史事件和社会事件；制造并使用金属工具；形成具有民族特色的对天的宗教信仰；科学思维、古天文历法以及阴阳五行哲学思想的诞生。上述特征的形成经过了一个漫长的历史时期，而符合以上特征的中华文明起源的历史时代，应该是从以黄帝文明为代表的五帝早期到夏朝。

己亥之年孟春正月十三日于羲和山庄